Andreas Holger Siemund
Schwimmbadpflege – Whirlpoolpflege

Andreas Holger Siemund

Schwimmbadpflege – Whirlpoolpflege
(Schwimmbäder, Whirlpools, Solaranlagen ...)

Ratgeber

Bibliografische Information Der Deutschen Bibliothek
Die Deutsche Bibliothek verzeichnet diese Publikation
in der Deutschen Nationalbibliografie;
detaillierte bibliografische Daten sind im Internet über
http://dnb.ddb.de abrufbar.

Bibliographic information published by
Die Deutsche Bibliothek
Die Deutsche Bibliothek lists this publication in the
Deutsche Nationalbibliografie;
detailed bibliographic data
are available in the Internet at http://dnb.ddb.de.

Herstellung und Verlag: BoD - Books on Demand, Norderstedt
Andreas Holger Siemund – Schwimmbadpflege – Whirlpoolpflege
ISBN 978-3-7412-3890-1
© Copyright 2016. Alle Rechte beim Autor.

Inhaltsverzeichnis

Einleitung 15
1. Mein Schwimmbad 19
  Allgemeines 19
2. Planung meines Schwimmbades 21
  Grundsätzliches zur Schwimmbadwasseraufbereitung 22
  Standort 23
  Bauliche Mindestvoraussetzungen 25
  Krone 25
  Fliesen 26
  Beleuchtung 27
  Skimmer 28
  Rücklaufdüsen 29
  Bodenablauf 29
  Verschiedene Treppen 29
  Verschiedene Poolbauweisen 31
  Beton 31
  PVC 31
  Polypropylen und Polyester (GFK) 32
  Bausätze 34
  Edelstahlbauweise 34
  Zusätzliche Schwimmbadaccessoires 34
  Automatische Wasserbefüllung 34
  Ertrinkungsschutz 37
  Rutschen 37
  Gegenstromanlagen 38
  Massageeinsätze 38
  Beleuchtung 38
  Leitern und Haltestangen 38
  Schwallduschen 39
  Duschen 39
  Lustige Bewässerungsfiguren 40
  Thermometer 41

Rettungsringe 42
Automatische Poolreiniger 42
Festinstallierte Selbstreinigungssysteme 42
Poolabdeckungen 43
Wohin mit dem Spülwasser? 47
Poolimpressionen 49

3. Die verschiedenen, gebräuchlichen Desinfektionsmittel 53
Was aber ist Desinfektion? 53
Desinfektionsnebenprodukte 53
Desinfektionsmittel der Gruppe der Halogene 54
Brom 54
Chlor 55
Flüssiges Chlor 55
Calciumhypochlorid 56
Chlorgas 56
Alternative Desinfektionsmittel 56
Ozon 56
Ultraviolettes (UV) Licht 57
Sauerstoffverbindungen 57

4. Die Anwendung der Desinfektionsmittel 58
Brom 58
Chlor 58
Chlorgranulat 60
Flüssigchlor 61
Calciumhypochlorid 61
Ozon 61
Aufbewahren von Chlor und anderen Chemikalien 62
Tip für Profis 62
Richtiger Umgang mit Chemikalien 63

5. Alternativen zum Chlor 64
Biguanide 64
Die Ozon-Brom-Kombination 65
UV-Licht und Brom 65
Desinfektion mit Aktivsauerstoff 66
Das Salzelektrolyseverfahren 66
Pool-Ionisierung 67
Das Chlor muß raus, aber wie? 68

6. Fragen und Antworten zur Isocyanursäure 69

7. Resümee zur Desinfektion 71
Allgemeines 71
Direkter Vergleich verschiedener Desinfektionsverfahren 72
Kostenvergleich 72
Komfortbewertung 73

Umweltverträglichkeitseinschätzung 73
Schlußfolgerung 74
8. Allergien und Reizungen u. a. 75
Chlorakne 75
Chlorallergie 75
Rote, brennende Augen 76
Grüne Haare, Nägel oder Bekleidung 76
9. Wasserprobleme und deren Beseitigung bei Ursachen im chemischen Bereich u.a. 77
10. Die wichtigen Parameter, deren Bestimmung und Beeinflussung 78
Die unterschiedlichen Meßverfahren 78
Wie werden Konzentrationen im Schwimmbadbereich gemessen? 79
Erläuterung und Bestimmung der einzelnen Parameter 80
Chlor 80
Brom 81
Aktivsauerstoff 81
pH-Wert 82
Säurekapazität (Totale Alkalinität) 85
Calciumhärte 85
Eintrübung 86
Isocyanursäure 86
Wirkung des Freien Chlores bei bestimmten Isocyanursäurewerten 87
TDS (Total Dissolved Solids) 87
Redoxspannung 87
Kurze Übersicht über die Idealwerte der Parameter 88
Wasserkonditionierung nach dem Langlier-Index 89
Wasserbalance 90
11. Wichtige Berechnungen und Kalkulationen 91
Füllmenge des Beckens 91
Konzentrationskalkulation 91
Andere nützliche Beispiele: 93
Beispielrechnung für Tri-Chlor 93
Der Chlorschock 93
Salzsäure zur Senkung des pH-Wertes 93
Algizid und andere Kalkulationen 94
Korrektur einer Überchlorung mittels Chlorneutralisator 94
12. Algenbekämpfung 95
Was sind Algen? 95
Algizide 95
Allgemeine Maßnahmen zur Algenverhütung und Bekämpfung 96

  Algenarten 96
  Beseitigung der Grünalge (Chlorophyta) 96
  Der grüne Pool 97
  Die Blau- bzw. Schwarzalge (Cyanophyta) 98
  Alternative Algenbekämpfungsmittel 100
13. Sonstige Schwimmbadchemikalien 103
  Salzsäure 103
  pH-Plus 103
  pH-Minus 104
  Calciumhärte 104
  Totale Alkalinität 104
  Chlorneutralisator 104
  Chlorstabilisator 104
  Flockmittel 104
14. Schwimmbadpumpen 106
  Allgemein 106
  Welche Pumpe ist für mein Schwimmbad geeignet? 107
  Head oder Maximale Förderhöhe 108
  Der richtige Pumpenkorb 108
  Berechnung der Betriebskosten 109
  Störungen der Pumpe 109
  Pumpe leckt 109
  Pumpe saugt Luft 110
  Pumpe schlägt 110
  Pumpe gebrannt 111
  Pumpe jault/klackert 111
  Pumpe schaltet dauernd ab 111
  Pumpe startet nicht 111
  Pumpe startet nicht 111
  Pumpe saugt schwach 112
  Pumpe über Wassserspiegel des Schwimmbades 113
  Strömungsabriß einer solchen Pumpe 114
15. Verschiedene Filterarten und die Filtration 117
  Unterschiedliche Filterarten 117
  Diatomaceous Earth Filter (DE) 117
  Kartuschenfilter 118
  Mehrschichtfilteranlagen 118
  Standard-Sandfilter 118
  Wann kann ein Sandwechsel zwingend sein? 120
  Warum hat sich der Sandfilter ggü. anderen durchgesetzt? 120
  Flockung 121
  Flockmittel 121
16. Richtige Kombination von Pumpe/Filter und Laufzeiten 122

Bedingung 122
Welcher Filter ist der richtige? 122
Laufzeiten 123
Winter 123
Frühling 123
Sommer 124
Herbst 124
Zusammenfassung Laufzeiten 124
Vorteile der individuellen Laufzeitregulierung 125
17. Das Multiventil (MV) 126
Allgemeines 127
Erläuterung der einzelnen Schaltpositionen 127
Störungen des Filtersystems und Multiventils 128
18. Der Sandwechsel beim Filter 130
19. Die Elektrik 136
Mögliche Störungen 137
Die Sicherung springt dauernd heraus 137
Der Fehlerstromschutzschalter 138
20. Einfaches Schwimmbadklempnern 139
Beispiel Pumpenwechsel 142
Wechsel des Multiventils 143
Erneuern der Skimmerklappe 143
Der Bypass 143
21. Professioneller Ablauf einer Schwimmbadpflege 144
3 Säulen 144
Das Equipment 145
Ablauf 147
Rohrbestimmung 149
Das Absaugen 150
Reinigen des Pumpenkorbes 150
Rückspülen 151
Nachspülen 152
Abschluß 153
Parameter prüfen 153
Praxis-Tips und Störungsbeseitigung 153
Subjektiver und objektiver Chlorwert 153
Luft im System 154
Wasser nachfüllen 154
Wasserhöhe 155
Wasseraustausch 155
Überlauföffnung des Skimmers schließen 155
Sog zu stark 155
Sog zu schwach 156

Wolken am Sauger 156
Richtig überlappen 156
Rundungen bürsten 156
Lokale Veralgung 156
Ständige Randbildung 157
Fettfilm auf dem Wasser 157
Blätter im Pool 157
Piniennadeln im Pool 157
Oberfläche stark verschmutzt 157
Gelegentlicher Chlorschock 157
Flockmittel 158
Beckentrockenlegung 158
Pflegeplan für ein Schwimmbad 158
Irreparable Schäden an der Verfliesung etc. 159
Andere Reinigungsprozeduren 161
Besondere Randreinigung 161
Fettrand 161
Rußrand 161
Kalkrand 161
Der Sandregen 162
Säurewaschung des Bades 163
Säurewaschung des befüllten Beckens 163
Säurewaschung des leeren Bades 164
Welche Waschung ist zu bevorzugen? 165

22. Der Whirlpool 166
Allgemeines 166
Desinfektion 167
Desinfektionsmittelmessung 167
Flockung 167
Filterreinigung 167
Wasserwechsel und Beckenreinigung 167
Auswirkungen der Whirlmassagen auf den Menschen 168
Installationshinweise 168

23. Schwimmbadheizungen 170
Allgemeines: 170
Wieviel Energieaufwand ist für eine Beheizung nötig? 172
Die verschiedenen Systeme 173
Wärmepumpen 173
Öl- und Gasheizungen 173
Solaranlagen 174
Gegenüberstellung der einzelnen Systeme
in bezug auf deren Laufzeit 176
Energiespartips 176

    Entscheidung für ein System 177
    Schlußfolgerung 178
    Installation einer Solaranlage 178
24. Leckagen finden und beseitigen sowie einfache Sanierungsarbeiten 183
    Allgemeines 183
    Multiventil prüfen 183
    Verschiedene Suchmethoden 183
    Verdunstungstest 183
    Farb-Test 184
    Lauschtest 184
    Rohre abdrücken 185
    Leckagen beseitigen 185
    Leckagen im Rohrsystem 185
    Leckagen am Betonkörper 186
    Leckagen an Linern 187
    Sonstige Leckagen 187
    Fugensanierung 187
    Sanierung der Krone 188
25. Erstinbetriebnahme eines Schwimmbades 189
26. Überwinterung 192
    Winter an der Costa Blanca 192
    Winter in Deutschland 193
27. Schwimmbad und Umweltschutz 196
    Tips zum Chemieeinsatz 196
    Energiespartips 196
    Wasserspartips 197
28. Baderegeln und Sicherheitshinweise für Pools und Whirlpools 199
    Hygienehinweise 199
    Badekleidung 199
    Sicherheitstips 199

... »und der Geist Gottes schwebte über den Wassern« ...
(1. Mose 1,2)

Einleitung

Als ich mit der Schwimmbadpflege begann stellte ich schnell fest, daß überhaupt kein Ratgeber für diesen Bereich in deutscher Sprache auf dem Büchermarkt erhältlich ist.

So half nur »Learning by doing« und die Kommunikation mit anderen Schwimmbadpflegern, bis hin nach Kalifornien. Ein schmerzvoller und langwieriger Weg, der ohne die Hilfe meiner Berufskollegen nicht hätte erfolgreich fortgesetzt werden könnnen. Und denen ich hiermit für ihre Unterstützung danken möchte.

An ein Buch über dieses Thema zu schreiben war überhaupt nicht zu denken!

Die Jahre gingen ins Land, mit wachsendem Kundenstamm nahmen die Probleme zu, die gelöst werden mußten und wurden. Fachliche Kompetenz zahlt sich aus. Oft werden Schwimmbadpflegeverträge gekündigt, wenn die Wartung nicht erfüllt werden kann. Der kompetente Pfleger übernimmt des öfteren derartige Kunden, bei denen Inkompetenz der Grund für eine Vertragsauflösung war. Aber wer verliert schon gerne aus diesem Grund einen Kunden? Oder welcher Privatmann möchte durch drei Läden laufen, bis er endlich eine befriedigende Lösung für sein Problem angeboten bekommt? Da ist es doch einfacher, den regelmäßig beim Nachbarn tätigen Pfleger zu fragen. Aber wann kommt der?
   Hat der überhaupt die Zeit und den Willen, seine Arbeitszeit mit Auskünften an Fremden zu verbringen, die er besser für seine Stammkunden nutzen könnte? Oder doch lieber entnervt einen Service anrufen und eine Jahrespflege in Auftrag geben, obwohl man eigentlich die Zeit hätte, das Bad selbst zu pflegen?

Um zu helfen, Zeit und Energie der Schwimmbadbesitzer und professionellen Poolpfleger zu sparen (ich spreche aus Erfahrung), beschloß ich dann im Herbst 2004, dieses Buch zu schreiben.

Deshalb gibt es detailliert Auskunft über die Bauweise eines Schwimmbades, Erfahrungen über Baumaterialien und Extras, die das Baden vergnüglicher machen.

Auf das Beheizen eines Bades wird gesondert unter Beachtung des Umweltschutzes eingegangen.

Die Fragen nach der Umweltverträglichkeit sollte meines Erachtens eine viel größere Rolle spielen als bisher. Stellen Sie sich einmal vor, daß in der Marina Alta zwischen Denia und Calpe (einem etwa 30 Kilometer langem Abschnitt der Costa Blanca) ca. 40.000 private Schwimmbäder in Betrieb sind. Weitere werden täglich neu fertiggestellt. Diese 40.000 Bäder haben zusammen etwa ein Volumen von 2.000.000 Kubikmetern Badewasser. Bei einer 14tägigen Spülung der Filter fallen etwa 6.000.000 Liter (= 6000m^3) Abwasser an. Wie stark diese mit für die Umwelt unverträglichen Chemikalien angereichert sind können Sie nach der Lektüre dieses Buches selber einschätzen und in Zukunft besser beeinflussen.

Ein Schwerpunkt wird auf Pumpen und Filtration gelegt.

Einfaches Schwimmbadklempnern wird vorgestellt.

Technische Probleme werden angesprochen und Lösungen angeboten, die auch von begabten Heimwerkern angewendet werden können. Einschließlich des Findens und Beseitigens von Leckagen.

Der Chemiehaushalt des Wassers in Pool und Whirlpool wird erklärt und weitreichende Hilfe bei der Problemlösung angeboten.

Verschiedene Desinfektionsverfahren werden gegenübergestellt und in bezug auf

- Komfortabilität
- Wirtschaftlichkeit
- Umweltverträglichkeit

bewertet.

Auf die eigentliche Schwimmbadpflege wird präzise eingegangen und zahlreiche Hilfestellungen genannt.

Der Whirlpool wird herausgehoben gewürdigt und beschrieben.

Umweltschutz und Energieersparnis werden nahe gebracht und Tips gegeben, die sich positiv für beide Seiten (Natur und Geldbeutel) auswirken.

Zum Abschluß durften Sicherheitshinweise nicht fehlen.

Dieses Buch soll allen helfen, die sich beruflich oder privat mit der Schwimmbadpflege auseinandersetzen. Aber auch das Verhältnis zur Natur soll verbessert werden.

Viel Spaß beim Lesen!

Andreas Siemund

1. Mein Schwimmbad

Allgemeines

Mein Schwimmbad ist entweder ein Hallen- oder Freibad.

Da es sich um ein privat genutztes Bad handelt wird dessen Benutzung und Betrieb nicht durch Gesetze oder Verordnungen reglementiert. Für öffentliche Bäder gilt dagegen die Deutsche Industrie Norm (DIN) 19643.

Diese DIN 19643 regelt unter anderem
- die zulässige Konzentration des Desinfektionsmittels (z.B. Chlor)
- die zulässige Eintrübung
- den pH-Wert
- die Redoxspannung
- die zulässige Anzahl von Keimen und Bakterien

für die Aufbereitung von Schwimm- und Badewasser.

Ich denke aber, daß diese Norm auch Maßstab für jedes privat genutzte Schwimmbad sein sollte. Im folgenden wird gelegentlich auf diese hingewiesen werden.

Es wird auf vielfältige Weise verunreinigt:
Badende tragen Schweiß, Hautschuppen, Haare, koliforme Keime (z.B. Eschirichia Coli (E-Coli), Pseudomonas areuginosa und Legionella Pneumophila), Kosmetika, Sonnenschutzmittel etc. hinein.

Aus der Umwelt kommen Ruß, saurer Regen, Pflanzenteile und Stäube etc. hinzu.

Um die oben genannten Erreger auszuschalten und die sonstigen Verunreinigungen zu beherrschen, muß ich eine hervorragende Hygiene und Desinfektion aufrechterhalten. Und zwar dauerhaft.

Ist dieses nicht der Fall, wird das Bad schnell unansehnlich, wirkt eher abstoßend als zum Schwimmen einladend. Eventuell vorhandene Erreger (s.o.) können bei den Badenden Mittel-Ohr-Entzündungen, Wundentzündungen und Harnwegsentzündungen auslösen.

Beispiel:
Dabei erinnere ich mich an einen Camping-Urlaub im sonnigen Katalonien (Spanien). Der Platz hatte vom ADAC 5 Sterne verliehen bekommen. Meine Kinder badeten täglich im dortigen Swimming-Pool. Das Wasser dieses Schwimmbades war jeden Abend undurchsichtig trüb. Bald stellten sich bei diesen die Symptome einer Mittelohrentzündung ein. Eine Überprüfung des Chlorwertes ergab, daß kein Chlor vorhanden war.

Durch meine Berufspraxis kann ich heute sagen: Das Desinfektionsmittel in dem Schwimmbad war unterdosiert! Dieses verursachte letztendlich die Eintrübung und ermöglichte die rasante Vermehrung des Erregers ohne diesen abzutöten.
    Das Bad war jeden Tag überfüllt, die Wassertemperatur lag bei 32 Grad. Idealste Bedingungen für jegliche Erreger.

Anders in einem Bad in Deutschland:
Bei einer Wassertemperatur von 28 Grad und vielen Badenden setzte plötzlich eine Eintrübung des Wassers ein. Der Bademeister untersagte den Badebetrieb und führte eine Stoßchlorierung (Chlor schaufelweise) durch. Binnen kurzer Zeit setzte ein Aufklaren des Wassers ein, der Bademeister gab den Badebetrieb wieder frei.

> **Tip:** Baden Sie niemals in einem trüben Pool! Bestehen Sie auf unverzügliche Maßnahmen bei den Verantwortlichen (z.B. Campingplatzleitung) oder informieren Sie die Vermietungsagentur, um den Schwimmbadpfleger herbeizurufen.
> Bei einem öffentlichen Bad (z.B. Campingplatz) wäre beim Ausbleiben von Maßnahmen auch das Gesundheitsamt zu informieren.

Das Wasser im Schwimmbad ist kein Biotop. Wenn Sie und andere darin baden, soll (und muß!) dieses keimfrei, kristallklar und algenfrei sein. Wie dieses machbar ist, können Sie diesem Buch entnehmen.

2. Planung meines Schwimmbades

Zunächst einmal werden Sie sich fragen, ob Sie sich ein Hallen- oder ein Freibad wünschen.

Das Hallenbad bietet sich vorwiegend in nördlichen Gefilden an, hat aber auch im Süden Europas oder anderen, wärmeren Regionen, seine Existenzberechtigung. Denn auch am Mittelmeer ist ein Winterhalbjahr einzuplanen. Ein wesentlicher Unterschied des Südens zum Norden liegt allerdings darin, daß im Süden die natürliche Kraft der Sonne stärker zur Wirtschaftlichkeit seines Betriebes nutzbar ist als im Norden. Dieses gilt selbstverständlich auch für das Freibad, im nachfolgenden auch Pool genannt. Für den Norden ist der Wärmedämmung eine größere Bedeutung zuzumessen. Mittlerweile ist durch ausgereifte Methoden der Betrieb eines Hallenbades als »Niedrig-Energie-Schwimmhalle« möglich. Bei einem solchen sei der Energieaufwand unter € 3,- pro Tag.

In Schwimmhallen ist der Feuchtschutz besonders zu beachten. In diesen liegt nämlich permanent eine etwa doppelt so hohe Luftfeuchtigkeit wie in Wohnräumen vor. Zur Vermeidung von Kondenswasserbildung ist eine gute Wärmedämmung nötig, da sonst die Gefahr von Feuchtigkeitsschäden sehr hoch ist.

Die Verdunstung des Beckenwassers eines Hallenbades hängt ab von:
- der Wassertemperatur
- der Größe der Wasseroberfläche
- der Lufttemperatur
- dem Nutzungsgrad
- der Anzahl von Rutschen und Schwallduschen etc.
- der Verwendung einer Abdeckung

Die Lufttemperatur sollte immer 2 Grad Celsius über der Wassertemperatur liegen.

Bei einer Wassertemperatur, die höher als die Lufttemperatur ist, muß von einem Ansteigen der Verdunstung ausgegangen werden. Das Ansteigen der Verdunstung wiederum bewirkt eine stärkere Abkühlung des Wassers. Stärkerer Badebetrieb, sowie das Nutzen von Rutschen und Schwallduschen, erhöhen die Verdunstung ebenfalls. Badende nämlich nehmen bei jedem Verlassen des Beckens Wasser mit hinaus, spritzen herum etc. Eine Abdeckung verringert die Verdunstung deutlich (s. dort).

Um Schäden für die Bausubstanz zu vermeiden, ist eine wirksame Dampfsperre einzubauen. Diese kann aus Plastikfolie oder einem Aluminiumdünnblech bestehen.

Zur Verbesserung eines Raumklimas in einer Schwimmhalle müssen Belüfter, Luftentfeuchter und eine Beckenabdeckung installiert werden. Bei den Entfeuchtern hat sich inzwischen einiges getan, was zur Wirtschaftlichkeit solcher Systeme beiträgt. Mittlerweile werden Geräte mit Wärmerückgewinnung angeboten. Bei diesen sind Plattenwärmetauscher (sog. Rekuperative Platten- und Röhrentauscher) in die Klimaanlage integriert und können Wärme zurückgewinnen. Gleichzeitig wird die Innenluft zu 100% gegen Außenluft ausgetauscht. Weniger wirtschaftliche Varianten sind mobile Entfeuchter, Entfeuchter mit Außenanschluß usw.

Eine seriöse Baufirma wird Ihnen bescheinigen, daß die Bauteile bauphysikalisch der DIN 4108 entsprechen, daß heißt schimmel- und kondensatfrei bleiben. Zusätzlich sind die Bauvorschriften nach der Energie-Einspar-Verordnung (EnEV) einzuhalten. Nach dieser sind Schwimmhallen in Deutschland wie Wohnräume zu behandeln. Die Konstruktion muß luftdicht sein und Wärmebrücken müssen vermieden werden.

Der Architekt muß die Werte der Halle mit der EnEV vergleichen und bestätigen. Dieses ist Teil des Bauantrages.

Schon bei der Anlage Ihres Schwimmbades können Sie einen Beitrag dazu leisten, den Pflegeaufwand und damit den Einsatz von Chemie, Arbeitskraft sowie Energie so gering wie möglich zu halten. Eine Thermoisolierung etwa kann die Badesaison für Sie erheblich verlängern (bis zu 3 Monate). Wenn Sie außerdem noch in eine Solaranlage investieren, wird es noch komfortabler.

Grundsätzliches zur Schwimmbadwasseraufbereitung

Wie zuvor dargestellt, wird ein Schwimmbecken auf vielerlei Weise verunreinigt.
   Um diese Verunreinigungen so im Griff zu haben, daß Ihr Schwimmbad immer zum Baden einlädt, ist es nötig, die Grundsätze dessen Aufbereitung zu kennen.

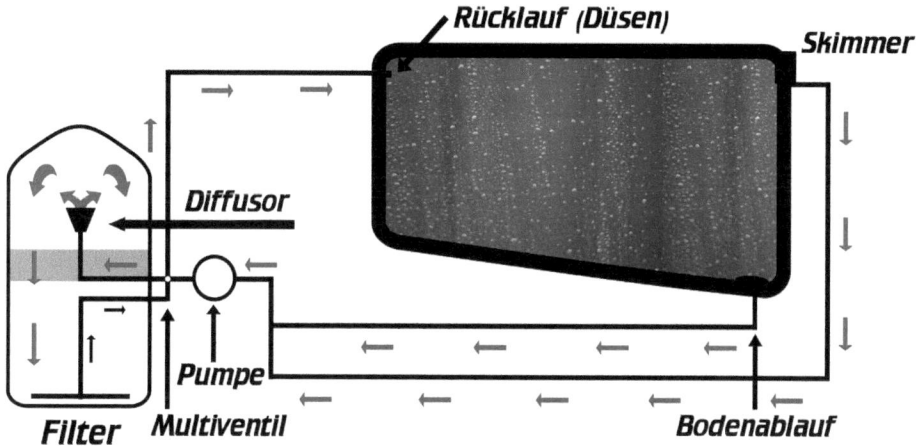

Abbildung 1: schematische Darstellung des Wasserkreislaufes eines Schwimmbades und seiner Filteranlage

Zu beachten sind:
- die regel- und gleichmäßige Beckendurchströmung
- die Flockung und Filtration
- die Desinfektion
- die anderen, wichtigen Parameter
- der regelmäßige Austausch des Badewassers

Standort

Um rasch auf natürliche Weise eine angenehme Badetemperatur zu erreichen, wählen Sie einen sonnigen Standort. Ein guter Standort bringt ohne Hilfsmittel zusätzlich 3 Grad Celsius im April an der Costa Blanca.

Die umliegende Bepflanzung spielt eine wesentliche Rolle: Hohe Bäume und Büsche in unmittelbarer Nähe oder gar überhängend bedeuten zwangsläufig mehr Laub und andere organische Verunreinigungen im Wasser. Auch werden mehr Insekten auf der Wasseroberfläche als ungebetene Badegäste bemerkt werden. Gleichzeitig liegt eine stärkere Tendenz zur Algenbildung vor.

Foto 1: ungünstige Lage, da hohe Bepflanzung dicht am Pool

Foto 2: ideale Lage

Bauliche Mindestvoraussetzungen

Krone

Das Becken benötigt eine Krone, die es gegen Zufluß von Schmutzwasser nach Regenfällen schützt, die sonst Eintrübungen zur Folge haben werden. Diese Umrandung muß rutschfest sein und aus Beton, einem massiven Stein oder einem anderen, homogenen Material. Ich habe leider immer wieder gemauerte Kronen gesehen, deren Putz dauerhaft rieselte, dadurch nach kürzester Zeit unansehnlich wirkten und zudem den Pool verschmutzten. Andere waren aus Mischungen mit spitzen Steinen, die piekten. Bestehen Sie beim Bauunternehmer auf eine massive Bauausführung.

Foto 3: 1 Jahr alter Putz auf gemauerter Krone

Foto 3a: Massive Krone, ca. 20 Jahre alt und unbeschädigt

Fliesen

Es sind immer die Glasmosaike den Keramikfliesen vorzuziehen. Glasmosaike haben den Vorteil, durch eine bessere Reflexion des Lichtes den kristallinen Effekt bei Sonnenschein zu verstärken. Außerdem werden zusätzlich verschiedene Figuren (Delphine, Windrosen etc.) angeboten, die leicht eingearbeitet werden können.

Am erheblichsten schlägt allerdings die Langlebigkeit zu Buche. Keramikfliesen weisen nach einigen Jahren eine Abnutzung (Kratzer) der Oberfläche auf, die das Schwimmbad unansehnlich wirken lassen.

Die Farbwahl spielt auch eine Rolle:
Je dunkler die Mosaike, desto klarer und tiefer wirkt der Pool. Das kann so weit führen, dass ein befüllter Pool leer wirkt! Ein traumhafter Anblick, der zum sofortigen Baden einlädt.

Foto 4: Dunkle Glasmosaike bewirken einen transparenten Eindruck

Foto 5: Helle Keramikfliesen lassen das Wasser nicht so klar erscheinen

Beleuchtung

Unterwasserscheinwerfer sind in meinen Augen ein Muß.

Sie sind für Folien-, Polyester- (GFK), Beton- und selbstverständlich auch Stahlbecken erhältlich.

Auf dem Markt sind auch Sets zum Nachrüsten.

Es gibt nichts Schöneres, als in einer lauen Sommernacht ein Bad im beleuchteten Pool zu nehmen oder einfach nur an dessen Rand zu sitzen, um den tollen Kontrast zur dunklen Nacht zu genießen.

Foto 6: Beleuchteter Pool

Skimmer

Der permanenten Reinigung der Wasseroberfläche kommt eine große Bedeutung zu.

Dazu erhält Ihr Schwimmbad entweder einen Skimmer oder eine Überlaufrinne.

Der Skimmer muß eine Klappe haben. Diese maximiert den Sog auf die tatsächliche Oberfläche und verstärkt dessen Wirkung erheblich. Möchte Ihnen ein Schwimmbadbauer einen Skimmer ohne Klappe aber mit anderem Schnickschnack darin verkaufen, vergessen Sie das. Ohne Klappe werden die angesaugten Insekten etc. wieder in den Pool zurückschwimmen, wenn die Pumpe abschaltet. Oft haben Skimmer einen integrierten Überlauf. Leider liegt dieser oft zu tief, sodaß bei Regen Wasser vergeudet wird. Ist dem so, verstopfen Sie die Öffnung einfach.

Eine Überlaufrinne ist etwas Feines. Geht sie ganz um das Becken herum, entfällt das lästige Randreinigen. Abgeflossene Partikel können nicht zurück und sind dauerhaft entfernt.

Rücklaufdüsen

Rücklaufdüsen müssen, um die Oberflächenreinigung zu unterstützen, ggü. vom Skimmer angebracht werden. Der Wasserstrom der Düsen treibt dann nämlich auf der Oberfläche schwimmende Insekten, Blätter oder Staub etc. direkt in dessen Richtung, sodaß er sie besser absaugen kann. Rücklaufdüsen auf dem Boden machen nur Sinn, wenn der Pool über eine Überlaufrinne verfügt. Bei herkömmlicher Skimmung sind sie nicht nur nutzlos, sondern erhöhen auch den Widerstand, den die Pumpe überwinden muß, um das Wasser zum Pool zu fördern. Der Standarddruck kann dann schon einmal bei 1 kg/cm^2 liegen. Zum Saugen bleibt dann nicht mehr viel Reserve (s. Filtration etc.).

Bodenablauf

Der Bodenablauf liegt immer am tiefsten Punkt des Bades. Er hat die Aufgabe, absinkende Partikel aufzunehmen und der Filtration zuzuführen. Aufstellpools verfügen allerdings in der Regel nicht über einen solchen.

Zu bedenken ist bei der Auswahl eines Typs, daß dieser mit der Oberkante der Verfliesung abschließt. Mittlerweile sind auch hochstehende, gerippte Modelle auf dem Markt, die auch schon eingebaut werden. Futuristisch wie Untertassen aussehend.

Deren großer Nachteil: Schmutz lagert sich in den hochstehenden Rippen ab, der nicht abgesaugt werden kann. Sie müssen diesen dann extra bürsten.

Also: Flach aufliegende Bodenabläufe einbauen!

Verschiedene Treppen

Von den Bauleuten können viele verschiedene Treppen realisiert werden. Hervorzuheben ist die halbrunde, römische Treppe, die meist am flachen Ende eines Beckens zu finden ist.

Wichtig ist es, die oberste Stufe der Treppe so zu legen, daß sie immer von Wasser bedeckt ist. In der Praxis kommt es leider oft vor, daß diese zu hoch liegen. Durch die fehlende Spülung lagert sich dann auf dieser störender Schmutz ab, der eher vom Betreten des Bades abhält und dauerndes Bürsten notwendig macht. Vögel benutzen die freiliegende Treppe auch gerne als

Sitz- und Kotplatz. Achten Sie also darauf, daß beim Bau der Treppe auf diesen Aspekt geachtet wird. Ersatzweise können auch Leitern genutzt werden (s.S. 39).

Foto 7: Römische Treppe

Verschiedene Poolbauweisen

Schwimmbäder können auf vielfältige Weise realisiert werden. Formen, Tiefe und Baustoff bieten nach heutigem Stand der Technik schier unendliche Möglichkeiten.

Beton

Zur herkömmlichen und wohl (noch?) am weitesten verbreiteten Betonbauweise, die durch unendliche Formenvielfalt und Langlebigkeit besticht (ignoriert man einmal die sicher anfallenden Sanierungskosten wie Neuverfugung etc.) haben sich aber inzwischen zahlreiche Alternativen gesellt.

Das Betonbad wird in eine vorgefertigte Grube gegossen. In Spanien wird dazu in dieser ein Fundament angelegt, auf dem ein äußerer Mantel von Hohlblocksteinen gemauert wird.

Auf diese Basis wird die Armierung aufgebracht. Nach Fertigstellung der Klempnerarbeiten (Skimmer, Bodenanschluß, verschiedene Düsen etc.) wird Spezialbeton in diese Form gespritzt. In den USA wird teilweise auch nur ein Loch gegraben, armiert, geklempnert und gespritzt. Im Anschluß wird das Becken verfliest und die Ausgänge der Öffnungen montiert.

In der Regel wird eine Garantie auf Dichtigkeit von 10 Jahren gewährt.
Der reine Pool wird für einen Preis von ca. € 15.000,- (Maße 8x4x1,6) aufwärts angeboten.

PVC

Ein bis 1,5 Millimeter dicker Belag (Folie) wird in einer aus Beton vorgefertigten Form verschweißt.
Dieser ist unifarben erhältlich oder es ist ein Muster (z.B. Mosaik) aufgedruckt.
Aufgrund seiner Flexibilität hat PVC allerdings nicht so viele Anhänger. Theoretisch wäre es möglich, einen solche Auskleidung mittels einfacher Mittel (Teppichmesser) zu zerstören.Die Verlegung muß faltenfrei erfolgen, da sonst unansehnlich Knicke und Abschabungen durch den Reinigungsbetrieb drohen. Ferner muß beim Einsatz von Pflegemitteln darauf geachtet werden, daß diese nicht die Kunststoffoberfläche angreifen.

Im langjährigen Gebrauch bildeten sich bei allen Linerpools um die Bodenanschlüsse herum (=tiefster Punkt des Beckens) chlorbedingte Bleichflecken.

Folien werden hauptsächlich zum Auskleiden von gerissenen Betonpools verwendet. Gemessen am Material und Arbeitszeit wirken die verlangten Preise allerdings zu hoch. Die Sanierung eines Beckens (8x4x1,6) wird in Spanien für ca. € 6000,- angeboten.

Zudem ist bei dem Einsatz von Pflegemitten darauf zu achten, daß diese nicht den Fotoaufdruck ausbleichen.

Dieses geschähe sicher beim Streuen von Chlorgranulat in das Folienbecken hinein.

Polypropylen und Polyester (GFK)

Polypropylen ist im Gegensatz zum PVC-Liner unflexibel und wird beim Schwimmbadbau in 5mm und 8mm verwendet, wobei die 5mm schon unverwüstlich gegenüber mechanischer Einwirkung wirken.

Es ist allerdings nur unifarben (z.B. hell- oder dunkelblau) erhältlich.

Polypropylen in verschiedenen Stärken

Kostruiert wird in den Boden nach entsprechender Vorbereitung (Grube).

Das Fundament sollte je nach Größe zwischen 15cm und 20cm stark sein (B25) und eben.

Der Bauunternehmer sollte Ihnen ein Nivellementszeugnis aushändigen. Unebenheiten würden sich später sehr nachteilig auswirken.

Eine Drainage ist sinnvoll, um das Becken im leeren Zustand gegen Aufschwimmen durch Grundwasser zu schützen.

Versierte Handwerker können das Becken, das im Ganzen geliefert wird, mittels Zugstangen ausrichten. Treppen und sonstige überhängende Beckenteile müssen untermauert werden, um ein Durchhängen zu verhindern.

Ruht das Becken auf dem mit einem verottungssicheren Bodenflies bedecktem Fundament wird zunächst 20cm Wasser eingefüllt und danach die Seiten mit erdfeuchtem Magerbeton hinterfüllt. Dabei gehen Sie bitte so vor, daß sie jeweils im Wechsel ca. 20cm Wasser einfüllen und danach mit Magerbeton hinterfüllen, um jeweils einen entsprechenden Gegendruck zu gewährleisten. Der Magerbeton darf nicht gerüttelt oder gepresst werden, sondern muß sanft an das Becken angepaßt werden.

Das Becken muß geradlinig bleiben, was gegebenenfalls mittels der Zugstangen durch Nachspannen erreicht werden kann.

Die Schweißnähte sind beim schrittweisen Befüllen auf Dichtigkeit zu überprüfen.

Im Fachhandel sind verschiedene Modelle auch mit Thermoisolierung erhältlich.

Bei der Anwendung von Pflegemitteln muß ebenfalls auf die Verträglichkeit dieses Kunststoffs mit diesen geachtet werden.

Es sind nahezu alle gewünschten Beckenformen herstellbar.

Preislich scheinen die angebotenen Produkte im Verhältnis zum Nutzen zu stehen.

Beckenpreise liegen zwischen ca. 1500,- € (Maße 4 x 2,5 x 1,2) bis ca. 12000,- € (Maße 8,5 x 3,8 x 1,5).

Polyesterbecken (GFK) werden ebenfalls im Ganzen geliefert und wie oben beschrieben montiert. Baulich sind die gleichen Dinge zu beachten wie bei den Polypropylenbecken. Möglich ist es aber auch, ein Becken zu mauern und zu verputzen. Im Anschluß wird es dann mit der glasfaserverstärken Polyesterbeschichtung ausgekleidet.

Im Preis sind GFK-Becken aber deutlich günstiger: Ein Becken (7,5m x 3m x 1,5m) kostet um € 9.000,- Bei beiden Becken kämen noch die Preise für Technik und Grube etc. hinzu.

Bausätze

Bemerkenswert sind auch Über-Boden-Konstruktionen, die als Bausätze geliefert werden und vom geschickten Heimwerker selbst aufgebaut werden können. Diese Bäder stellen sicher die preiswerteste aller Varianten dar. Es gibt sie in allen Variationen: oval, rund, achteckig und sogar aufblasbar. Stahlstützkonstruktionen gewähren bis zu einer bestimmten Höhe und je nach Hersteller einen festen Halt. In diese werden Folien gehängt, die UV-stabilisiert und leicht einzufügen sind. Grundsätzlich sind diese Bausätze auch in den Boden versenkbar.

Die Preise beginnen hier im mehrere hundert €-Bereich und reichen bis in den Mehrere-Tausend-€-Bereich. Zum Beispiel ist ein größeres Oval-Becken (11 x 5 x 1,5) für ca. € 3000,- erhältlich. Weshalb der o. g. Liner doppelt so teuer sein soll scheint mir bemerkenswert.

Edelstahlbauweise

Edelstahl stellt das härteste Material dar, das im Schwimmbadbau verwendet wird, und auch das teuerste.

Das verwendete Material sollte das Prädikat:« Edelstahl Rostfrei, zertifiziert nach DIN EN ISO 9001» haben.

Edelstahlbecken sind in allen Formen und Größen denkbar. Ich habe auch noch keines rosten sehen. Sie bieten einen unbegrenzten Schutz gegen Leckagen und sind als Hallen- und Freibäder denkbar. Auf der Stahloberfläche können keine Mikroorganismen wachsen. Da große Elemente (bis mehrere Meter lang) vorgefertigt geliefert werden, fällt nur eine kurze Bauzeit an.

Kosten: Die Kosten für ein 10m x 5m Becken mit einer durchschnittlichen Tiefe von 1,35m betragen ca. € 45.000,- für die reine Stahlkonstruktion ohne Technik, Grube etc.

Zusätzliche Schwimmbadaccessoires

Automatische Wasserbefüllung

Wenn nicht schon beim Bau des Schwimmbades an die Erstellung eines automatischen, baulich in den Pool integrierten Befüllmechanismus gedacht wurde, muß über einen Schlauch, der an den Rücklauf angeschlossen wird, oder eher gebräuchlich, über einen Gartenschlauch Wasser nachgefüllt werden. Dabei empfiehlt sich der Einsatz einer Zeitschaltuhr (Timer), wie sie im Gartenfachhandel oder Baumarkt erhältlich sind. Bei der Anschaffung dieser ist aber auch auf Qualität zu achten. Die Anschaffungskosten relativieren sich, wenn Sie bedenken, daß Sie das Abstellen des Wassers nicht mehr vergessen können, dadurch weniger Stress haben und sicher auch keinen überlaufenden Pool mehr. Ein guter Timer ist für ca. € 25,- zu haben.

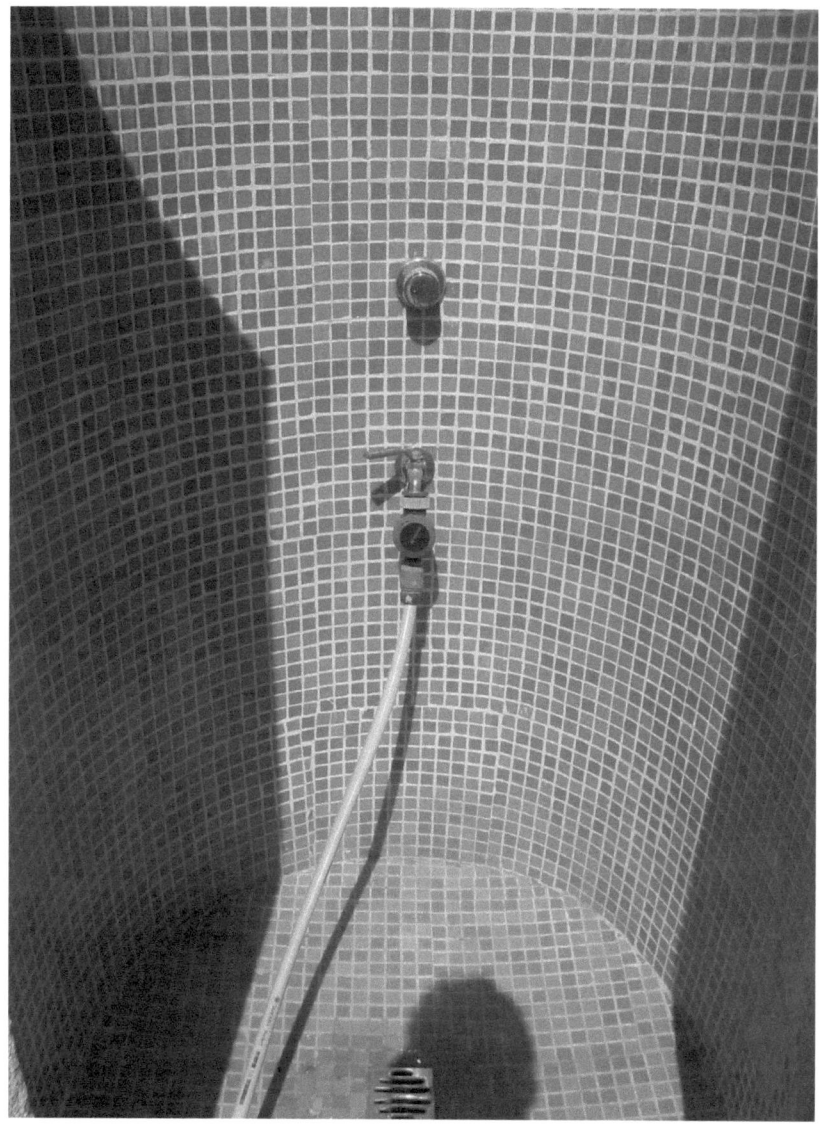

Foto 9: Timer an Wasserhahn

Foto 10: Timer in Wasserleitung integriert

Foto 11: Vollautomatischer Befüller in einem
Nebenschacht baulich integriert

Ertrinkungsschutz

Warneinrichtungen gegen Ertrinken sind überall im Fachhandel erhältlich. Sie ersetzen selbstverständlich weder die persönliche Obhut noch die gesetzliche Aufsichtspflicht. Aber wer ist schon immer (!) wachsam? Diese Einrichtungen lassen bei bestimmten Wasserbewegungen ein Signal ertönen, wenn ein Haustier oder Kind in den Pool fällt. Eine Alternative ist ein zu spannendes Netz, ebenfalls im Fachhandel erhältlich. Sicherer als ein Zaun, der überklettert werden könnte.

Rutschen

Rutschen für das private Bad sind in verschiedenen Ausführungen erhältlich. Bei der Installation ist auf ein geeignetes Fundament und eine ausreichende Beckentiefe zu achten. Unterschätzen Sie in keinem Fall die Aufbaumaße.

Foto 12: Schwimmbadrutsche

Gegenstromanlagen

Gegenstromanlagen ermöglichen in einem üblichen Privatbecken das Schwimmen unter Profibedingungen. Durch einen starken Wasserstrom wird ein Widerstand erzeugt, der den gegen ihn anschwimmenden Schwimmer auf der Stelle verharren läßt. Olympioniken z.B. trainieren regelmäßig in einem Kanal mit Gegenstromanlage. Diese sind entweder beim Bau des Beckens zu installieren, aber auch nachrüstbar oder zum Einhängen erhältlich.

Massageeinsätze

Massageeinsätze sind eine zusätzliche Bereicherung der Ausstattung Ihres Bades. Vielleicht kennen Sie diese bereits aus dem städtischen Hallenbad und wissen daher, daß diese gerne genutzt werden. Warum möchten Sie sich diesen Spaß nicht auch in Ihrem Privatbad gönnen?

Am besten gleich beim Neubau daran denken. Ein Nachrüsten ist aber auch möglich.

Beleuchtung

Sofern noch nicht beim Bau des Bades an Unterwasserscheinwerfer gedacht wurde, ist ein Nachrüsten unproblematisch. Im Handel sind Sets erhältlich, die fest auf die Poolwand geschraubt werden können.

Leitern und Haltestangen

Hat das Becken keine gemauerte Treppe empfiehlt sich die Anschaffung einer Poolleiter.

Zum Relaxen im Wasser können noch verchromte Stangen angebracht werden, was auch nachträglich möglich ist.

Foto 13: Poolleiter und Haltestange

Schwallduschen

Eine tolle Abwechslung. Am besten beim Bau bereits integrieren, obwohl sicherlich auch nachrüstbar.

Die Schwalldusche strahlt in das Becken hinein. Das bringt Freude und eine Massage.

Duschen

Sicherlich möchten Sie das chemisch aufbereitete Wasser umgehend nach Verlassen des Beckens abduschen. Eine solche Dusche sollte deshalb nicht fehlen.

Ein zwischengeschalteter Durchlauferhitzer z.B. ließe auch dort ohne grossen Installationsaufwand Warmwasser fließen. Oder Sie installieren eine Solardusche. Diese haben einen Solartank, in dem Wasser von der Sonne erwärmt wird.

Lustige Bewässerungsfiguren

Es muß nicht immer der ordinäre Gartenschlauch sein, um Frischwasser aufzufüllen. Selbstverständlich gibt es zu diesem Alternativen. Wie wäre es mit der abgebildeten?

Foto 14: Delphin speit Frischwasser

Thermometer

Wer möchte nicht wissen, wie warm das Wasser ist, in dem er badet? Im Handel sind viele Variationen. Bi-Metall- und Flüssigthermometer. Die letzteren sind zerbrechlich, deshalb empfiehlt sich deren Aufbewahrungsort im Skimmer.

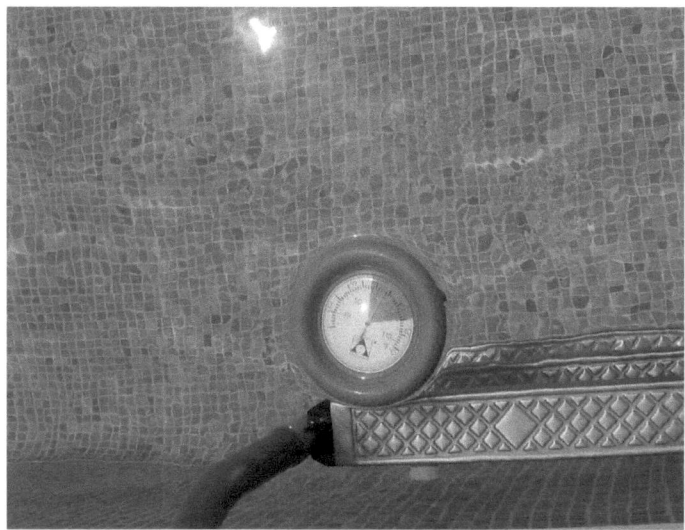

Foto15: Bi-Metallthermometer

16: Flüssigthermometer im Skimmer

Rettungsringe

Rettungshilfen sind in öffentlichen Bädern sichtbar auszuhängen, um bei Bedarf sofort genutzt werden zu können. Die Rettung eines Ertrinkenden ist schwierig. Schätzen Sie selbst ein, wie nötig die Anschaffung einer Rettungshilfe ist. Dieses ist sicherlich abhängig von der Tiefe und Größe Ihres Beckens, sofern nicht regionale Verordnungen dieses regeln.

Automatische Poolreiniger

Diese sehe ich weder als Konkurrenz für den Profi noch ersetzen sie die Manpower.

Das hat einige Gründe:
- der hohe Anschaffungspreis
- sie benötigen einige Zeit mehr, um ein Schwimmbad teilzureinigen
- Treppen schaffen sie nicht

Nutzer sagen, sie sind nicht gründlich genug und bleiben schon einmal hängen. Der Verschleiß ist nicht gering und Reparaturkosten zu erwarten.

Erhältlich sind
- Geräte, die wie ein manueller Sauger an Skimmer oder gesondertem Anschluß angeschlossen und durch den Sog der Pumpe (Unterdruck) saugen und bewegt werden. Schmutz wird dabei vom Schwimmbadfilter aufgenommen.
- Selbstfahrer, die über einen eigenen Antrieb und eigenen Filter verfügen.

Sicher gibt es auch Nutzer, die mit ihrem Produkt zufrieden sind. Produkte, die ihre Versprechungen halten. Aber mindestens auch genau so viele, die ihr Gerät nach kurzer Zeit wieder loswerden möchten.

Festinstallierte Selbstreinigungssysteme

Bei diesen werden viele unter Druck ausfahrbare Düsen über den Poolboden verteilt angebracht.

Über einen gesonderten Wasserkreislauf mit eigener Pumpe werden die Düsen beschickt, die dann Schmutz aufwirbeln sollen, der von einem, größer als üblichen, Bodenablauf abgesaugt werden soll. Zur Unterstützung wird zusätzlich eine Überlaufrinne eingebaut. Diese Überlaufrinne nimmt den Schmutz der Oberfläche auf, der zusätzlich von Rücklaufdüsen des eigentlichen Filtrationskreislaufes in deren Richtung gespült wird (optional).

Um den Druck der Reinigungsdüsen zu erhöhen, wird ein sogenannter Booster installiert, der den Druck bis auf 20 bar erhöht.

Ist ein solches System ausreichend? Ich habe noch keines gesehen, daß seine Arbeit so gründlich verrichtet wie ein guter Schwimmbadpfleger. Der Boden mußte immer nachgebürstet werden (Bürsten Sie einmal 100 m² Poolboden), was zu enormen Staubwolken führte, die ich so noch nie in einem manuell gesaugten Pool gesehen hatte. Die Düsen und deren Befestigung nehmen selbst Schmutz auf. Der Wasserstrahl geht über diese Befestigungen hinweg.

Die Folge: Schmutzansammlungen und ggf. Veralgung.

Von der Logistik her ist es fast unmöglich, den Schwimmbadboden vollständig mit den, wenn auch vielen, Düsen komplett zu erfassen und zu reinigen. Offensichtlich reicht auch der Wirkungsgrad des jeweiligen Wasserstrahls nicht aus, um Staubanhaftungen wegzuspülen. Jeder, der schon einmal einen Pool manuell gereinigt hat, weiß wovon ich spreche. Der Kraftaufwand beim Bürsten muß nämlich erheblich sein, um ein gutes Ergebnis zu erzielen. Ferner erscheint es unmöglich, daß der aufgewirbelte Staub bis zum Bodenablauf getragen wird. Die Praxis bestätigt das: Er sinkt vorher zu Boden.

Problematisch wird es, wenn dann auch noch kein Zusatzanschluß für einen manuellen Sauger vorhanden ist.

Aus Sicht eines Fachmanns wird der Pool niemals richtig sauber sein. Kennerblick sieht das leichte grüne Schimmern und die Schmutzablagerungen um die Bodendüsen.

Der Laie dagegen, froh über sein System und über keine Vergleichsmöglichkeiten verfügend, merkt diese feinen Unterschiede nicht. Über die Sandablagerungen kann er allerdings schon einmal ins Fluchen geraten.

Ergo: Wer unbedingt so ein System möchte (oder bei Kunden einbaut), sollte nie vergessen, einen gesonderten Anschluß für einen manuellen Sauger zu installieren. Beim Poolbau sind das lediglich ein paar €, die selbst für die dem System Hörige eine nützliche Investition darstellen müßten, wenn diese einmal den Ausfall des Boosters einkalkulierten.

Poolabdeckungen

Pool-Abdeckungen sind ein nützliches Accessoire.

Sie bewirken eine Energieeinsparung im Hallen- und Freibad, indem sie die Wasserverdunstung drastisch reduzieren und damit wesentlich die Abkühlung des Schwimmbadwassers verringern.

Dieses kommt vorrangig bei Wind, in der Nacht und bei Schlechtwetterperioden zum tragen. Die Heizkosten im Hallen- oder Freibad werden so erheblich gesenkt. Im Freibad können das bis zu 80%, im Hallenbad bis zu 60% sein.

Hallenbäder haben wegen der schlechten Abzugsmöglichkeiten generell die Tendenz zu einer hohen Luftfeuchtigkeit. Um diese erträglich zu halten, muß diese mittels stromfressender Luftentfeuchter reduziert werden. Der Verringerung der Luftfeuchtigkeit kommt auch deshalb eine große Bedeutung zu, weil diese auch eine hohe Korrosivität bedeutet.

Durch den Einsatz einer Beckenabdeckung wird die Verdunstung und damit die Luftfeuchtigkeit erheblich beeinflußt. Dieses birgt auch den Vorteil, daß an Heizkosten gespart werden kann, da die Raumtemperatur nicht mehr so hoch (normal 2 Grad C über der Wassertemperatur) gehalten werden muß.

Eine Schwimmbadabdeckung im Hallenbad bringt folgende Vorteile:
- Entlastung des Luftentfeuchters (Stromersparnis)
- Reduzierung der Heizkosten
- Schutz der Bausubstanz
- Besseres Raumklima
- Wasserersparnis

Im Freibad sind das:
- Wasserersparnis
- Heizkostensenkung
- Geringerer Reinigungsaufwand
- Chemieersparnis

Chemie (Desinfektionsmittel etc.) wird deshalb gespart, weil Schmutzeintrag und UV-Strahlung verringert werden.

Aufrollbare, unversenkte Abdeckungen weisen allerdings den Nachteil auf, daß beim Einholen der Schmutz auf diesen geballt in das Becken gelangt und dort für kurze Zeit eine Wolke bildet. Besser sind also Lamellentypen, die in einen Kasten auf Wasserhöhe eingeholt werden, der zusätzlich mit Wasser gefüllt ist, sodaß dort die Schmutzabscheidung erfolgt.

Pool-Abdeckungen gibt es in vielen Ausführungen. Die Bandbreite reicht von der einfachen PVC-Decke über die zusätzlich wärmende Luftblasenversion bis hin zur o.g. Rolladentechnik (Lamellen).

Hervorheben möchte ich noch die Abdeckungen aus Luftpolsterfolie. Diese bewirken tatsächlich eine Aufheizung des Beckenwassers. Deshalb sind sie ideal für die Nutzung mit einer Schwimmbadheizung, bringen aber auch ohne diese bis zu 6 Grad C mehr Wärme.

Lamellenabdeckungen nach dem Rolladenprinzip sind wegen ihrer Stärke nicht dazu in der Lage, das Wasser zu erwärmen. In heißen Regionen (z.B. an der Costa Blanca) mit Wassertemperaturen von bis zu 34 Grad C helfen sie allerdings, dessen Temperatur niedrig zu halten. Statt 34 Grad wurden 28 Grad gehalten. Ein durchaus wünschenswerter Effekt.

34 Grad warmes Wasser wirkt nämlich keinesfalls mehr erfrischend. Außerdem können sie einen Ertrinkungsschutz bieten, allerdings je nach Tragfähigkeit (bis zu 100kg/qm).
    Feste Abdeckungen wie verschiebbare Elemente, heb- und senkbare Dächer etc. sind ebenfals erhältlich.
    Auch flüssige Decken sind auf dem Markt, die die Wärme halten ...
    Es ist für jeden Geldbeutel etwas dabei. Lassen Sie sich, wenn möglich, in mehreren Geschäften beraten und Muster zeigen!

Foto 17: Heb- und senkbare Abdeckung

Foto 18: Zusammenschiebbare Schwimmhalle

Foto 19: Aufrollbare Abdeckung

Wohin mit dem Spülwasser?

Das bei der Filterrückspülung anfallende Abwasser ist mit Chemikalien angereichert. Ich rate deshalb von einer Bewässerung von Nutzpflanzen mit diesem ab. Die Früchte dürften kontaminiert werden. Die Chemikalien kämen bei einem Verzehr in den Körper. Bei Zierpflanzen sind mir keine negativen Auswirkungen bekannt. Kupfer, oft Bestandteil von Algiziden, kann Pflanzen allerdings schaden.

Bei der Lösung der Abwasserfrage lohnt sich eine Rücksprache mit den örtlichen Behörden. Sofern dem keine gesetzlichen Vorschriften entgegensprechen, bietet sich die Verrieselung auf dem eigenen Grundstück an.

Foto 20: Amphore als Verrieselungshilfe

In den letzten Jahren hat sich wirklich viel auf dem Schwimmbad-Markt getan. Thermoisolierung, technische Finessen und Heizungen haben die Nutzungsdauer der privaten Schwimmbäder verlängert. Was Sie dazu beitragen können, daß Ihr Schwimmbad wirklich immer zum Hineinspringen einlädt, können Sie im folgenden nachlesen.

Weitere Informationen sind über das Internet (z.B. www.google.de) mit den richtigen Suchbegriffen wie »Polyesterbecken (GFK)« oder »Edelstahlschwimmbecken« zu erhalten.

In den nachfolgenden Kapiteln werde ich detaillierter auf die Pflege, weitere Ausstattungsmöglichkeiten und Problemlösungen eingehen.

Poolimpressionen

Foto 21a: Schön angelegte Schattenzone

Foto 21b: Pool mit Tisch zum Verweilen

Foto 21c: Mosaik Delphin

Foto 21d: Nierenpool

Foto 21e: Mädchenfigur vor Becken

3. Die verschiedenen, gebräuchlichen Desinfektionsmittel

Was aber ist Desinfektion?

Desinfektion ist die Beseitigung der Ansteckungsgefahr durch Abtöten der Krankheitserreger und Kleinstlebewesen (Entseuchung, Entkeimung und Sterilisation). Es bieten sich die physikalische und die chemische Methode.

Physikalische Desinfektion:
Unter physikalischer Desinfektion faßt man den Einsatz von Hitze, Verbrennung und Bestrahlung (z.B. mit UV-Licht!) zusammen.

Chemische Desinfektion:
Chemische Desinfektion findet unter dem Einsatz von Desinfektionsmitteln wie Chlor, Chlorkalk, Carbolsäure etc. statt.

Im Schwimmbadbereich wird chemisch mit oxydativ wirkenden Desinfektionsmitteln (Chlorprodukte, Brom, Ozon ...) sowie physikalisch mit ultraviolettem Licht (UV-Licht) desinfiziert.

Deren Einsatz richtet sich (nach DIN 19643) gegen
- koliforme Keime (insbesondere gegen Eschirichia coli = E.coli)
- Pseudomonas aeruginosa (Auslöser von Infektionen)
- Legionellen (Legionella Pneumophila) speziell in Warmsprudelbecken (löst Legionärskrankheit und Pontiakfieber aus)

Desinfektionsnebenprodukte

Bei diesen Verbindungen sind hier
- Chloramine (=Chlorstickstoffverbindungen)
- Trihalomethane (=Chlorkohlenstoffverbindungen)
- Bromide

zu nennen.

Chloramine
Bilden sich bei der Reaktion von Chlor mit Schweiß und Harnstoffen. Sie wirken geruchsbelästigend (Hallenbadgeruch) und lösen Augenreizungen aus. Bereits 10 ppm (mg/l) können zu Reizungen der Augenbindehäute führen. Es sind bislang aber keine toxischen (giftigen) oder kanzerogene Effekte nachgewiesen worden. Chloramine dürfen bis maximal 0,2ppm (mg/l) im Wasser vorkommen.

Trihalomethane (THM)
THM bilden sich ebenfalls aus der Reaktion des freien Chlores mit organischen Stoffen. Diese leicht flüchtigen, organischen Halogenverbindungen (z.B. Chloroform) stehen im Verdacht, Krebs auslösen zu können. Tierversuche mit hohen Dosen begründen diesen Verdacht. Im Wasser darf deshalb keine höhere Konzentration als 0,02 ppm von Chloroform nachweisbar sein.

Bromide
Bromide bilden sich wie oben, nur eben mit Brom statt Chlor. Haben sich Bromide gebildet, werden auch bromhaltige THM, wie z.B. Bromoform (Tribrommethan) erzeugt.

Freibadnutzer sind weniger gefährdet als Hallenbadnutzer. Dieses dürfte an der ausreichenden Frischluftzufuhr liegen.

Wichtig ist die ausreichende Desinfektion unter Verwendung entsprechend hoher Dosen. Hohe Dosen Desinfektionsmittel (z.B. Chlor) im Wasser lösen keine Chloraminbildung aus, sondern eine niedrige bis zu niedrige Chlorung.

Sollten Sie einmal einen unangenehmen Geruch w.o. beschrieben wahrnehmen:
Abhilfe schafft eine Stoßchlorierung mit Flüssigchlor (unter Beachtung der Gebrauchsbestimmungen).

Desinfektionsmittel der Gruppe der Halogene
Brom

(von griechisch »bromos« für Gestank)
Brom gehört zur Gruppe der Halogene (Chemisches Zeichen »Br«). Es ist giftig und sollte flüssig nicht mit Haut in Berührung kommen, da sonst schwer heilende Wunden entstünden. Für die Schwimmbadpflege ist es als sogenannte »Sticks« erhältlich. In der Praxis bewährt es sich nicht so wie Chlor.

Es ist von seiner Oxidationskraft her schwächer und damit weniger effektiv. Die Sticks sind zudem schwer löslich. In der Anschaffung ist Brom deutlich teurer als Chlor.

Chlor

(von griechisch »chloros« für gelblich-grün)
Es gehört ebenfalls zur Gruppe der Halogene (chem. Zeichen »CL«). Chlor ist giftig, weshalb das Einatmen seiner Dämpfe und der direkte Hautkontakt mit Chlorprodukten vermieden werden sollte. Aufgelöst und verdünnt ist es im Schwimmbadwasser, bei Einhaltung der empfohlenen Konzentration, allerdings unbedenklich. Chlor ist wegen seiner starken Oxidationskraft (= bedingt die Keimtötungsgeschwindigkeit) sehr für die Schwimmbadpflege geeignet und marktführend. Es ist als Tabletten (z.B. 200 g), Granulat oder flüssig erhältlich und leicht zu handhaben.

Aufgrund seiner hohen UV-Anfälligkeit wird in Produkten für den Freibadbereich üblicherweise sogenanntes Di-Chlor (Natriumdichlorisocyanurat) oder Tri-Chlor (Trichlorisocyanursäure) verwendet. Diese gehören zu den organischen Chlorprodukten.

Die Isocyanursäure schützt das Chlor gegen zu raschen Abbau durch die UV-Strahlen der Sonne. Deshalb ist es weniger für eine Stoßchlorierung geeignet: der hohe Chlorgehalt im Wasser baut sich nur sehr langsam ab.

Eine zu hohe Konzentration der Isocyanursäure schränkt aber die Wirksamkeit des Chlores ein. Mehr dazu im Kapitel »Parameter und deren Bestimmung« und unter »6. Fragen und Antworten zu Isocyanursäure«.

Flüssiges Chlor

Flüssiges Chlor ist in der Regel cyanursäurefrei und wird deshalb im Freibad schnell von der Sonne abgebaut. Es eignet sich deshalb hervorragend zur Schockbehandlung (Stoßchlorierung) gegen Algen etc. Für die Daueranwendung ist es auch stabilisiert erhältlich, mit einem Chloranteil zwischen 10 und 25 Prozent.

Calciumhypochlorid

Ca(CLO)$_2$ ist ebenfalls cyanursäurefrei. Deshalb ist es auch für Schockbehandlungen geeignet. Im Handel als Tabletten oder Granulat erhältlich. Es ist gegen hitzebedingten Zerfall stabilisiert. Allerdings beeinflußt es den pH-Wert dahingehend, daß er steigt.

Chlorgas

Chlorgas findet in der Regel in öffentlichen und kommerziellen Schwimmbädern Anwendung. Aufgrund der hohen Unfallgefahr und den deshalb zu beachtenden Sicherheitsvorschriften ist es für den privaten Schwimmbadbereich ungebräuchlich.

Übersicht:

Produkt	pH	Chloranteil	Erhältlich als	stabilisiert
Natriumhypochlorid	13	12,5%	flüssige Lauge	nicht stabilisiert
Calciumhypochlorid	11,5	65,0%	Tab und Granulat	gegen Hitzezerfall
Dichlor	6,8	60,0%	Tab und Granulat	stabilisiert
Trichlor	3,0	90,0%	Tab und Granulat	stabilisiert

Anmerkung zum pH-Wert der Produkte: Ist dieser höher als 7, wird er bei der Anwendung des Mittels ansteigen. Liegt er darunter, sinkt der pH-Wert.

Alternative Desinfektionsmittel

Ozon

(griechisch für »riechen«)
Das Gas ist in der Natur farblos und wurde 1839 erstmals von dem Chemiker Schoenbein vor der Naturforschenden Gesellschaft Basel erwähnt. Dieser hatte damals an Elektrisiermaschinen den gleichen Geruch festgestellt, wie er in der Natur nach Blitzschlägen vorkommt.

Bei der Elektrolyse stellte er das Freiwerden des Gases an der Platin-Elektrode (neben Sauerstoff) fest und gab ihm den Namen Ozon.

Ozon ist hochgiftig und darf darum nicht in das Schwimmbecken gelangen. Es muß innerhalb eines geschlossenen Systems in der Aufbereitungsstrecke eingesetzt werden, den z.B. ein Aktivkohlefilter abschließt, um das Ozon herauszufiltern.

Da es sehr schnell zerfällt, kann es weder in Flaschen transportiert noch irgendwie gelagert werden. Es muß direkt beim Verbraucher erzeugt werden, und zwar mittels eines Ozon-Generators.

Ultraviolettes (UV) Licht

UV-Licht kann zur Keimabtötung und Desinfektion genutzt werden. Es schließt sich im Spektrum an das sichtbare Licht an und gehört zur elektromagnetischen Strahlung (Wellenlänge zw. 180 und 400 nanometer).

Sauerstoffverbindungen

Auf dem Markt sind verschiedene Verbindungen erhältlich: Wasserstoffperoxid, Aktivsauerstoff oder Persulfat. Gelegentlich in Kombination mit einer Silberverbindung.

4. Die Anwendung der Desinfektionsmittel

Brom

Brom ist wie schon beschrieben in Sticks erhältlich. Aufgrund seiner schweren Löslichkeit ist eine Zugabe über den Skimmer unsinnig: es löst sich zu langsam auf.

Es muß deshalb eine Dosierhilfe in den Wasserstrom (vor der Pumpe) eingebaut werden, über den das gelöste Brom dem Wasser zugeführt werden kann.
Meist kommt es in Verbindung mit einer Ozonanlage zum Einsatz.

Chlor

Fest wird Chlor dem Badewasser als Tabletten oder Granulat zugegeben. Die Zugabe sollte nie über den Skimmer oder gar die Pumpe erfolgen, sondern über einen schwimmenden Dosierbehälter (Floater), der im Strom der Rücklauf-Düsen hängt.
Auch erhältlich, aber ungebräuchlicher und mit zusätzlichen Installationskosten verbunden, sind Dosierhilfen, die z.B. vor die Pumpe in das Ansaugrohr geklempnert werden.
Gibt man das Chlor über Skimmer oder Pumpe zu, wird dessen Wirksamkeit bis zu 20% vom Filter aufgesogen. Außerdem entsteht beim Ruhen der Tablette in Skimmer oder Vorfilter (Korb) der Pumpe eine aggressive Chlorlauge, die sich hochkorrosiv auf die Pumpe auswirkt. Z.B. kann der Filterkorb zersetzt werden.

Im **Floater** dagegen findet eine gleichmäßige und dauernde Abgabe des Chlores an das Badewasser statt. Der Einsatz eines Floaters dürfte zur Reduzierung des Chlorverbrauchs (subjektiv) führen. Objektiv betrachtet haben Sie vorher genau soviel verbraucht, aber immer mehr zugegeben, weil die Tablette sich im Skimmer schneller auflöste.
Da sie weniger hinzugeben müssen, reduzieren sich damit aber die Kosten.
Im Vynil- oder PVC-Liner ist allerdings vom Einsatz eines Floaters abzusehen. Das kann zu Bleichflecken führen.

Foto 21: Floater im Strom der Rücklaufdüse

Der private Betreiber chloriert sein Schwimmbad generell über den Skimmer. In der Hochsaison werden so pro Woche bis zu zwei Tabletten a 200g dem Wasser zugegeben.
Begründung: Es müsse immer festes Chlor im Skimmer liegen um dauernd freies Chlor zu produzieren.

Nicht nur, daß dabei die Tatsache ignoriert wird, daß mittels Isocyanursäure stabilisiertes Chlor verwendet und damit eine Depot-Wirkung erzielt wird, führt diese Verhaltensweise auch schon einmal zur Überschreitung der empfohlenen Höchstdosis an Chlor im Wasser. Eine genaue Dosierung mit Chlortabletten erscheint mir allerdings unmöglich.

Den Floater können Sie einfach mit einer Schnur in den Strom der Rücklaufdüsen hängen. Öffnen Sie ihn nach Bedarf. Möchten Sie die Chlorabgabe erhöhen, legen Sie einfach mehr Tabletten in diesen. Fassen Sie die Tabletten niemals mit der bloßen Hand an! Nehmen sie z.B. einen Frühstücksbeutel zu Hilfe, wenn ein Gummihandschuh zu umständlich erscheint. Aufgrund seiner schon erwähnten Reaktionsfähigkeit kontaminieren Sie sonst Ihre Haut.

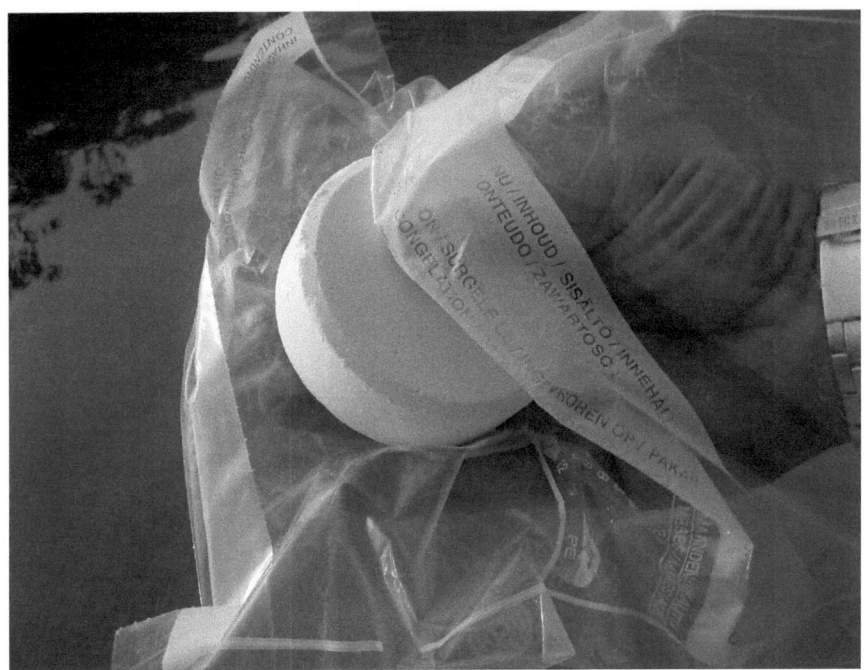

Foto 21a: Chlortablette hautschonend mit Frühstücksbeutel erfaßt

Chlorgranulat

Chlorgranulat ist zu verwenden, wenn Sie den Chlorgehalt des Wassers schnell und dauerhaft erhöhen möchten. Es ist als Di- und Tri-Chlor erhältlich. Di-Chlor hat den Vorteil, schneller löslich als Tri-Chlor zu sein.

Granulat bewährt sich in der lokalen Algenbekämpfung, da es gezielt und fein dosiert auf befallene Stellen ausgebracht werden kann. Aufgrund seiner geringen Konsistenz bilden sich in dessen Behältnissen gerne Gaspolster. Diese entweichen schlagartig bei deren Öffnung. Um eine Reizung der Atemwege völlig zu vermeiden, müßte man eine ABC-Maske mit entsprechendem Filter tragen. Aber wer macht das schon?

Deshalb sind die Behältnisse zügig zu öfnen, wenn möglich an der frischen Luft, um zunächst zurückzutreten, bis sich das freiwerdende Chlor weitestgehend verflüchtigt hat, was unschwer am Geruch feststellbar ist.

Beim großflächigen Streuen gilt ebenfalls: Hautkontakt vermeiden. Ich empfehle deshalb die Nutzung einer eckigen Sandkastenschaufel. Es sollte zudem mindestens eine Staubschutzmaske getragen werden. Der Behälter muß soweit wie möglich vom Körper gehalten werden, um dem Gas zu entgehen.

Flüssigchlor

Flüssigchlor eignet sich hervorragend für Stoßchlorierungen. Da es im Normalfall nicht mit Isocyanursäure angereichert ist, zerfällt es schnell durch die UV-Strahlung. Nach wenigen Tagen ist der Chlorwert wieder in einem für Badende erträglichen Bereich.

Bei dessen Anwendung besteht allerdings durch Spritzer die Gefahr, die Kleidung oder die Augen zu schädigen. Deshalb sollten Sie beim Gießen aus dem Behältnis immer eine Schutzbrille (z.B. eine Sonnenbrille) tragen und die Flüssigkeit in den Strom der Rücklaufdüsen schütten, um das Spritzen zu unterdrücken. Es kann stabilisiert auch zur Dauerdesinfektion eingesetzt werden. Sehr praktisch sind dazu Dosieranlagen einsetzbar, mit deren Hilfe eine exakte Chlorkonzentration im Becken möglich ist.

Diese sind dann sogar empfehlenswert, wenn partout eine bestimmte Chlorkonzentration nicht über- oder unterschritten werden soll. Es ist in verschiedenen Konzentrationen erhältlich.

Calciumhypochlorid

Calc.-hypochlorid ist z.B. für den Einsatz im Hallenbad geeignet. Da nicht UV-stabilisiert kann es auch für Stochlorierungen innen und außen verwendet werden. In Granulatform dient es der lokalen Algenbekämpfung und der kurzfristigen Erhöhung des Chlorwertes im Wasser.

Ozon

Ozon kann nur in Verbindung mit einem anderen Desinfektionsmittel verwendet werden. Das liegt daran, daß es zwar durch den Ozon-Generator fließendes Wasser desinfiziert, aber keine Neukontaminierung des Wassers im Schwimmbad verhindern kann. Dessen Inhalt (z.B. 50 Kubikmeter) fließt ja nicht auf einmal durch die Aufbereitungsstrecke, sondern benötigt dafür Stunden. Zudem läuft die Pumpe ja keine 24 Stunden. Das bedeutet, daß bei einer Filtrationszeit von ca. 8 Stunden keine ozonbeeinflußte Desinfektion des Beckenwassers in der verbleibenden Tageszeit stattfindet. Nicht durch den Ozon-Generator geflossenes Wasser ist ohnehin nicht desinfiziert worden. Keime können sich deshalb ungestört vermehren.

Es ist deshalb unumgänglich, mit einem anderen Desinfektionsmittel zusätzlich zu desinfizieren. Um Chlor zu vermeiden wird in der Regel Brom als Sticks oder ein Sauerstoff verwendet.

Aufbewahren von Chlor und anderen Chemikalien

Wie schon beschrieben, ist Chlor hochreaktiv und stark oxydativ. Chemische Abläufe beschleunigen sich mit zunehmender Temperatur (um das 2- bis 3-fache). Chlor ist deshalb wie alle anderen Chemikalien an einem trockenen, kühlen (schattigen) und gut zu lüftenden Ort aufzubewahren. Kindern sollte er nicht zugänglich sein.

Metallische Gegenstände, die unzureichend lackiert sind, können von Rost angegriffen werden. Die verwendeten Chemikalien dürfen nicht miteinander vermischt werden. Um dieses auch ungewollt unmöglich zu machen, rate ich dazu, keine flüssigen Chemikalien über anderen zu lagern, da immer die Gefahr eines Auslaufens besteht.

Belassen Sie die Chemikalien immer in Originalbehältern! Es sind sonst unkontrollierte, chemische Reaktionen möglich.

Bei Reizungen oder Verätzungen: so schnell wie möglich mit Wasser spülen.

Tip für Profis

Sie führen in der Regel einige Kilo festes und flüssiges Chlor in Ihrem Fahrzeug mit sich. Lüften Sie dieses so gut wie möglich. Idealerweise hat Ihr Kfz. hinten Scheiben, die Sie herunterkurbeln können.

Flüssiges Chlor und Salzsäure (HCL) sind immer in Originalflaschen und stehend (!) zu transportieren und gegen Umkippen zu sichern. Ein Umfallen dieser Behälter führt oft zum Freiwerden der **extrem reaktiven** Flüssigkeiten und zur Dämpfebildung. Wenn Sie diese einatmen ist es schon zu spät, Rachenraum und Bronchien sind schnell geschädigt.

Aber nicht nur, daß Sie Ihre Gesundheit riskieren. Zusätzlich müssen Sie mit einer starken Oxidation (Rost) der Metallteile des Fahrzeuginnern rechnen. Rosten ist nämlich nichts anderes als die Oxidation von Eisen.

Foto 22: Box mit HCL-Flaschen etc.

Richtiger Umgang mit Chemikalien

- Befolgen Sie bitte immer die Gebrauchsanweisungen der Hersteller!

- Tragen Sie immer eine Schutzbrille, wenn Sie flüssige Chemikalien in das Schwimmbecken schütten!

- Streuen Sie ein Produkt (z.B. Chlorgranulat) empfehle ich zumindest das Tragen einer Staubmaske, um Reizungen der Atemwege zu verringern. Werfen Sie immer mit dem Wind, um feine Stäube von diesem forttragen zu lassen. Badegäste sollten den näheren Bereich des Beckens während der Dauer der Behandlung verlassen.

- Achten Sie darauf, daß keine Spritzer entstehen bzw. entfernen Sie Spritzer von Haut und Kleidung umgehend, um Reizungen und Bleichflecken zu vermeiden. Sind Schleimhäute (Augenbereich, Mund) betroffen, muß sofort mit Wasser gespült werden.

- Mischen Sie keine Chemikalien, es können unvorhersehbare chemische Reaktionen entstehen. Dieses kann auch ungewollt geschehen, wenn Sie leere Eimer eines Produktes mit einem anderen Produkt füllen. Kleine Anhaftungen können schon verheerend sein. Leere Eimer sind deshalb vor der Befüllung mit einem anderen Produkt sorgfältig zu reinigen.

- Wenn Sie ein Produkt vor dessen Anwendung in Wasser auflösen sollen, geben Sie es dem Wasser hinzu und nicht umgekehrt. Sie vermeiden so Spritzer und Verklumpen.

- Stellen Sie einen fremden Geruch in der Nähe von Chemikalien fest, müssen Sie Vorsicht walten lassen, bis dieser abgezogen ist.

- Halten Sie für den Notfall Telefonnummern bereit (Feuerwehr, Notarzt) und die der **Giftzentrale** in Berlin (030-1924-0). Aus dem Ausland wählen Sie 0049 - 30 - 1924 - 0.

- Vermeiden Sie jegliche Brandgefahr beim Umgang mit Chemikalien. Dazu gehört auch die glühende Zigarette, deren heiße Asche ...

5. Alternativen zum Chlor

Als Alternativen zum Chlor sind

- Biguanide
- Ozon/Brom
- UV-Licht/Brom

oder die Verwendung von Sauerstoffverbindungen zu nennen.

Das Salz-Elektrolyseverfahren stellt keine echte Chloralternative dar, da mittels dieser ebenfalls Chlor gewonnen wird.

Biguanide

Biguanide, in Europa als Phmb (=PolymerHexamethylenbiguanide) bekannt, werden zur Desinfektion von Schwimmbädern angeboten, aber auch in medizinischen und sanitären Einrichtungen verwendet.

Sie dürfen nicht in Verbindung mit Chlor, Brom, silber- und kupferhaltigen Produkten eingesetzt werden.

Bevor Sie Biguanide zugeben, müssen die o. g. Stoffe aus dem Beckenwasser entfernt werden. Desinfizieren Sie mit Biguaniden genügt die Zugabe dieser i.d.R. alle 14 Tage. Erhältlich sind sie flüssig in 20%iger Konzentration, aufbereitet mit Duftstoffen und einem lebensmittelechten Farbstoff.

Zusätzlich muß eine Wasserstoffperoxydverbindung zugegeben werden. Die Persäuren sind ein sehr effektives Bakterizid zur Eliminierung von Bakterien und Viren. Der abgespaltene Sauerstoff zersetzt organische Abfallstoffe und läßt nur reines Wasser zurück.

Biguanide sind gegen Keime, Pilze und einige Algen wirksam, aber leider nicht gegen organische Verunreinigungen wie Harnstoff und Schweiß. Aufgrund dessen werden von den Herstellern entweder fertige Kombinationen/Verbindungen mit Wasserstoffperoxid angeboten oder zusätzlich die Hinzugabe derselben verlangt.

Biguanide sind offensichtlich hochwirksam und mild gegenüber dem Verbraucher. Aufgrund ihrer Hitzebeständigkeit und UV-Stabilität halten sich vergleichsweise niedrige Dosen lange im Wasser (s.o.). Ab etwa 30 Grad C muß allerdings deren Zugabe erhöht werden.

Dosierungsbeispiel: Gem. Herstellerangaben müssen je 10m³ Wasser 1000 ml Biguanide beigegeben werden. In einem 50m³-Pool müßten demnach 5 Liter zugefügt werden.
Kosten: Ein Hersteller verlangt für 5 Liter 60,-Euro abgerundet. In 4 Monaten wären das 500,-Euro.
   Außerdem wird zum Einsatz eines Algizides geraten.

Die Ozon-Brom-Kombination

Ozon wird wegen seiner hohen Giftigkeit nur in der Aufbereitungsstrecke zwischen Schwimmbadfilter und Spezialfilter erzeugt und dort desinfizierend eingesetzt.
   Erzeugt wird das Ozon in einem speziellen Ozongenerator bei einer sogenannten stillen Entladung zwischen zwei Sauerstoffelektroden aus dem Sauerstoff der Umgebung.
   Dabei kommen mehrere tausend Volt zum Einsatz, die dazu führen, daß aus O_2 (Sauerstoffmolekül) der Luft O_3 (=Ozon) wird.

Aufgrund seiner Instabilität sucht sich das O_3-Molekül schnellstmöglich einen Reaktionspartner zum Oxidieren. Diese Oxidationsgeschwindigkeit führt zu seiner hohen Wirksamkeit.
   Ozon vernichtet Bakterien, Viren und Mikroben.

Nachdem das Ozon das den Generator durchfließende Wasser desinfiziert hat, muß es wegen seiner hohen Giftigkeit mittels Aktivkohlefilter wieder aus dem Wasser herausgefiltert werden.
   Zusätzlich kann Brom eingesetzt werden, um eine Desinfizierung des Beckenwassers während der Ruhezeit der Anlage aufrechtzuerhalten. Alternativ empfiehlt sich Sauerstoff, um ganz von den Halogenen wegzukommen und, um es nicht zu vergessen, der Umwelt zuliebe.

UV-Licht und Brom

UV-Licht wird in einer entsprechenden Kammer erzeugt und wirkt dort auf das bereits filtrierte Wasser. Das UV-C Licht zerstört die Molekularstruktur der DNS von Mikroben etc. Aber eben nur da. Deshalb muß auch hier ein zusätzliches Desinfektionsmittel eingesetzt werden. Als Alternative zum Chlor kann auch hier Brom oder Sauerstoff genutzt werden.

Der Grund ist wie beim Ozon der gleiche:
Das Beckenwasser wird schnell kontaminiert und bliebe es auch, bis es durch die UV-Kammer flösse. Eine ständige Keimfreiheit im Becken wäre deshalb ohne die Zugabe eines zusätzlichen Desinfektionsmittels nicht zu erreichen.

Desinfektion mit Aktivsauerstoff

Um Sauerstoff zur Desinfektion einsetzen zu können, stehen viele Produkte auf dem Markt zur Verfügung. Diese werden flüssig und in fester Form angeboten. Die Beigabe kann manuell erfolgen oder mittels automatischer Dosierung. Es empfiehlt sich immer die Zugabe eines Algizides und die gelegentliche Stoßchlorierung (so ein Hersteller).

Das Salzelektrolyseverfahren

Bei der Verwendung des Salzelektrolyseverfahrens zur Desinfektion ist es notwendig, dem Badewasser Salz (=Natriumchlorid, Formel NaCl) zuzugeben. Das könne zwischen 150 kg und 175 kg auf 50 Kubikmetern (m^3) Beckeninhalt sein. Die Salzkonzentration muß bei 3% liegen.

Die Salzelektrolyse ist für alle bekannten Poolbauarten geeignet. Stahlbecken erfordern allerdings besondere Vorkehrungen wie verzinkte Schweißnähte etc., da sonst mit einem Rostbefall zu rechnen ist. Stahlleitern seien mit einer angebrachten Zinkplatte gegen Rostbefall zu schützen.

Das durch die Salzzugabe entstandene Salzwasser wird durch eine Elektrolysezelle geleitet. In dieser Zelle befinden sich zwei Elektroden (z.B. aus Titan), zwischen denen ein Gleichstrom fließt.

Der Ablauf der Elektrolyse:
Das NaCl-Molekül wird aufgespalten. Am (-)Pol entstehen Natriumionen (Natronlauge) und Wasserstoff (chem. Zeich. H). Am (+)Pol entsteht das gewünschte Chlor (Cl) und Sauerstoff (O).

Das Natrium reagiert sofort mit dem Wasser zur Bildung von Natriumhydroxyd (=Natronlauge).

Dieses reagiert wieder mit den Chlor zu Salz (NaCl) und Natriumhypochlorid (NaClO). Im Schwimmbad verliert diese NaClO-Verbindung wieder den Sauerstoff und hat sich damit ebenfalls in Salz (NaCl)

zurückverwandelt. Der nun freigewordene Sauerstoff (O) greift ebenfalls Bakterien und Algen an. Das freigewordene Chlor wirkt dauerhaft desinfizierend.

Summenformel der Elektrolyse:

2 NaCl + 2 H$_2$O $\longrightarrow$ 2 NaOH + H$_2$ + Cl$_2$
Lies: Salz + Wasser = Natronlauge + Wasserstoff + Chlorgas

2 NaOH + Cl$_2$ $\longrightarrow$ NaClO + NaCl + H$_2$O
Lies: Natriumhypochlorid + Salz + Wasser

Zusätzliche Ratschläge:
Es empfiehlt sich, bei der Installation eine hochwertige Anlage zu verwenden,
- bei der eine regelmäßige Umpolung der Elektroden (Wechsel des (+)Pols und (-)Pols) stattfindet, um Kalkablagerungen und Verschmutzungen vorzubeugen.
- Einbau eines automatisch den pH-Wert senkenden Automaten, um Verkalkungen sicher zu verhindern
- die Anlage muß die entsprechende Kapazität für Ihren Pool haben
- **Wechseln** Sie bei Umstellung von herkömmlicher Chlorung sowohl den Filtersand als auch das Füllwasser, um mit Idealbedingungen zu starten und Problemen vorzubeugen.

Z.B. könnte ein zu hoher Isocyanuridsäurewert die Bildung Freien Chlores erschweren.
Das Umsteigen sollte Ihnen die zusätzliche Investition wert sein.

Pool-Ionisierung

Pool-Ionisierer werden auch bei der Algenbekämpfung erwähnt. Mir sind diese als die (!) Lösung für ein Schwimmbad ohne Zugabe von anderen Chemikalien vorgestellt worden. Silber-, Kupfer- und Zinkionen werden per Elektrolyse in das Wasser abgegeben und wirken dort desinfizierend. Steht die Anlage aber still, werden keine neuen Ionen freigesetzt und es stellt sich das Problem der andauernden Desinfizierung, wie schon bei der Ozon-Brom-Kombination angesprochen.

Spätestens bei höheren Wassertemperaturen stellen sich meiner Erfahrung nach dann Probleme die Wasserqualität betreffend (Eintrübung) ein, sodaß zur Vermeidung dieser konsequent Aktivsauerstoff oder ein anderes chlorfreies Produkt zugegeben werden muß, um vorzubeugen.

Außerdem sollte ebenfalls nicht zu niedrig kalkuliert werden. Besonders in Mittelmeerlagen oder ähnlichen Klimazonen (z.B. Kalifornien) nicht. Ab 25

Grad C beginnt der eigentliche Härtetest. Allerdings sollen Chemikalien eingespart werden können. Um kein Risiko einzugehen, müßte das Wassser dann täglich kontrolliert werden.

Das Chlor muß raus, aber wie?

Sie möchten ab sofort chlorfrei desinfizieren?

Alle Alternativprodukte vertragen sich so mit Chlor, daß ein Abbau desselben abgewartet werden kann, während bereits das neue Produkt eingesetzt wird.

Bei einem Umsteigen auf Biguanide müssen aber sämtliche Desinfektionsmittel aus der Gruppe der Halogene (Chlor, Brom etc.) aus dem Beckenwasser und sämtlicher beteiligter Installationen entfernt werden.

Das bedeutet:
- Boden und Wände gründlich bürsten, um Anhaftungen der Halogene zu lösen. Im Anschluß saugen Sie über -Entleeren- (s. Multiventil)
- Sandfilter rückspülen und Nachspülung vornehmen
- Bei Kartuschenfilter die Kartuschen tauschen
- Chlorneutralisator einsetzen
- 24 Std. filtern und dann
- Chlortest durchführen

Ist der Chlortest negativ, nehmen Sie mit einem Eimer Wasser aus dem Pool und geben Biguanide zu. Bleibt eine Farbreaktion aus, kann die erforderliche Menge des Biguanides zugegeben werden.

Tip: Tauschen Sie auch hier das Füllwasser und den Filtersand aus, nachdem Sie den Chlorneutralisator eingesetzt haben. Ihr Schwimmbadwasser ist dann frei von allen Altlasten und Sie können sicher sein, optimal aus dem Alternativprodukt zu profitieren.

Wurden jemals kupfer- oder silberhaltige Algizide verwendet, muß das Wasser in jedem Fall ausgetauscht werden.

6. Fragen und Antworten zur Isocyanursäure

Isocyanursäure oder *cyanuric acid* (C.) ist ein wesentlicher Bestandteil von Chlorprodukten, die im Freibadbereich verwendet werden.

Hier nun einige Fragen, die häufig gestellt werden, und die dazugehörigen Antworten:

1. Was ist Isocyanursäure?
A: C. ist eine schwache Säure, die auch als »Stabilisator« für Chlor bezeichnet wird. Chlor hat den Nachteil, sich schnell abzubauen, wenn es den UV-Strahlen der Sonne ausgesetzt wird. C. vermindert diesen Verlust erheblich.
2. Welche Chlorprodukte enthalten C?
A: Chlorprodukte mit C. sind als Di-Chlor und Tri-Chlor auf dem Markt. Es ist auch stabilisiertes Flüssigchlor erhältlich.
3. Ist chloren ohne Di- und Tri-Chlor möglich?
A: Nicht-stabilisiertes Chlor wird schnell durch die UV-Strahlung zersetzt. Ein Verbraucher, der in einem Freibad weder Di- noch Tri-Chlor verwendet, ist daher dazu gezwungen, C. gesondert (aus dem Fachhandel) hinzuzufügen.
Vorteil: Der C.-Wert ist immer unter Kontrolle
Bei Hallenbädern entfällt das selbstverständlich (da dort keine bzw. geringe UV-Strahlenbelastung).
4. Wie wirkt sich C. noch auf die Wirkung von Chlor aus?
A: C. vermindert die Wirkung des Chlores. Je mehr C. im Wasser vorhanden ist, desto stärker nimmt dessen Effektivität ab.
Deshalb sollte niemals ein höherer Wert als 80mg/L vorhanden sein.
Ist der Wert höher, muß der C-wert mittels Wasseraustausch gesenkt werden.
C. baut sich leider nicht selbst ab.
5. Ich benutze Brom zum Desinfizieren. Benötige ich C?
A: Nein, da Brom nicht gegen UV-Strahlen empfindlich ist.
6. Ist der Einsatz von C.-haltigen Produkten in einem Spa (Whirlpool) zu empfehlen?
A: Nein, da der Wirkungsgrad des Chlores mit steigendem Gehalt der C. abnimmt.

Da Spas aber meistens in einem geschlossenen Raum stehen oder zugedeckt sind, entfällt die Notwendigkeit zudem ohnehin (s.Frage 3)

7. Ich stelle einen zu hohen C.-Wert im Wasser fest. Welche Maßnahmen bieten sich an?

A: Es ist ein Wasseraustausch vorzunehmen. Allerdings muß bei weitem nicht alles vorhandene Naß entfernt werden. Legen wir z.B. einen C.-Wert von 100ppm zugrunde, reicht der 60prozentige Austausch, um einen C.-Wert von ca. 40ppm zu erreichen.

Durch regelmäßiges Spülen und Auffüllen von Frischwasser können Sie diesen Wert dann längere Zeit halten.

Der bloße Ausgleich der Verdunstung genügt nicht, da C. nicht verdunstet.

8. Ist C. gesundheitsschädlich?

A: C. kann die Gesundheit beeinträchtigen. Es sind Augenreizungen und Hautreizungen mit geringen systemischen Wirkungen möglich.

Gentoxische Wirkungen sind aber noch nicht nachgewiesen worden.

C. wird beim Schwimmen über die Haut aufgenommen. Bei Langstreckenschwimmern beträgt die Eliminationshalbwertzeit 3 Stunden.

7. Resümee zur Desinfektion

Allgemeines:

Wie ersichtlich werden für die Desinfektion des Schwimmbadwassers viele Produkte angeboten.

Im Härtetest unter südländischen Bedingungen (Wassertemperatur über 30 Grad Celsius) zeigen die Produkte, außer Chlor und Sauerstoff, alsbald Ausfallerscheinungen. Bei Biguaniden muß die Dosis erhöht werden.

Ozon ist in Verbindung mit Brom hier keine echte Alternative. Brom hat eine zu schwache Oxydationskraft um das Beckenwasser stabil zu halten. Aufgrund seiner hohen Giftigkeit wird es nur in sehr stabilen »Sticks« angeboten, was den nachteiligen Effekt der schweren Löslichkeit hat. Deshalb der Einsatz der Dosierhilfe, die bedingt Abhilfe schafft. Es stellen sich bei normaler Pflege und hohen Temperaturen gerne Eintrübungen ein.« Auch ein, in wie vom Hersteller angegebenen Dosen, beigegebenes Algizid half dann nicht. Flüssigchlor war zunächst einmal die Rettung«. Das heißt nicht, ein größerer Pflegeaufwand bliebe ohne Erfolg. Wer allerdings chlorallergiebedingt auf die Kombination Ozon/Brom umsteigt, könnte enttäuscht werden, wenn er doch nachbessern muß.

Das im Fachhandel zur Desinfektion verkaufte Chlor ist kein reines Naturprodukt, sondern vielfältig gegen zu raschen Zerfall durch UV-Strahlen und Hitze stabilisiert.

Viele Verbraucher, die über Beschwerden in mit Fertigprodukten gechlorten Pools klagen, machen mit dem Salzelektrolyseverfahren positive Erfahrungen. Die Beschwerden würden nicht wieder auftreten. Obwohl wie vorgenannt auch dort Chlor zum Einsatz kommt. Aber eben ohne die Zusatzstoffe und in der Regel auch in geringeren Dosen, da das elektrolytisch erzeugte Chlor rasch zerfällt und über keinerlei Depotwirkung verfügt.

Direkter Vergleich verschiedener Desinfektionsverfahren

Vergleichen möchte ich die Anwendung von Biguaniden i.V.m. Wasserstoffperoxid, die Salzelektrolyse, Aktivsauerstoff und Tri-Chlor bei der Anwendung in einem 50 m³ Pool.

Kostenvergleich

Welche Kosten kommen bei der Verwendung der unterschiedlichen Verfahren auf Sie zu?

Biguanide werden in Verbindung mit Wasserstoffperoxid verwendet. Die Mindestkosten liegen monatlich bei ca. € 90,-/Monat. Zusätzliche Installationen sind nicht nötig. Allerdings müssen die halogenen Desinfektionsmittel neutralisiert werden, bevor Biguanide beigegeben werden. Anders herum scheint es unmöglich, halogene Desinfektionsmittel in einen mit Biguaniden beschickten Pool zu geben. Das Umsteigen auf das preiswertere Chlor in der Wintersaison deshalb nicht realisierbar. Ein Händler meinte allerdings, es sei ohne weiteres machbar.

Auf 5 Jahre gerechnet fallen etwa € 5000,- an, sofern der Pool im Winterhalbjahr nicht stillgelegt wird.

Aktivsauerstoff
Aktivsauerstoff wird in Spanien von einem führenden Hersteller mit einem Preis von ca. € 150,- für ca. 25 Liter angeboten (Online in Deutschland allerdings zw. € 99,- und € 110,-). Wöchentlich seien 2,5 Liter in einen Pool mit 50 Kubikmeter zuzugeben.

Bei einer Badesaison von 6 Monaten würden etwa 75 Liter verbraucht werden, da bei höheren Temperaturen mehr als die 2,5 Liter nötig seien. Insgesamt seien also 450,- zu veranschlagen. In den badefreien Monaten könne problemlos auf das billige Tri-Chlor umgestiegen werden. Die in der Zeit nötigen Tabletten kosten etwa € 20, sodaß die Gesamtkosten bei ca. € 475,- lägen. In 5 Jahren wären das etwa € 2.400,-

In der Praxis wurde allerdings beobachtet, daß sich Chlor und Sauerstoff gegenseitig aufheben. Geben Sie bei Beginn der Badesaison Aktivsauerstoff zum Wasser, sollten Sie erst das Chlor neutralisieren (s. u.). Hinzugerechnet werden muß in jedem Fall auch die Initialdosis.

Salzelektrolyse
Die Salzelektrolyse ist lediglich in der Anschaffung teuer. Ein Gerät für einen o.g. Pool kostet um € 1.000,-.

Das Salz schlägt mit rund € 50,- zu Buche. In der Regel wird auch ein automatischer pH-Wert-Regler installiert, der um € 800,- kostet.

Die Anfangskosten lägen dann bei etwa € 1.900,-. Den pH-Automaten kann man allerdings einsparen, wenn eine regelmäßige Kontrolle und Korrektur des pH-Wertes durchgeführt wird (z.B. durch einen Poolpfleger).

Die Minimalkosten liegen somit bei ca. € 1.100,-. Die Folgekosten für Salz dürften höchsten bei € 10,-/Jahr liegen. Die selbstreinigende Elektrolysezelle bedarf keiner nennenswerten Wartung.

Auf 5 Jahre gerechnet fallen etwa € 1.150,- an.

Tri-Chlor
Tri-Chlor scheint zunächst die preiswerteste Alternative zu sein. 5 Kg kosten an der Costa Blanca ca. € 20,-.

Pro Woche benötigen Sie etwa 2 Tabletten in der Hochsaison, aufs Jahr gerechnet werden etwa 60 Tabletten à 200g verbraucht, also 12 Kg. Gesamt sind das Kosten in Höhe von ca. € 50,-.

Auf 5 Jahre gerechnet fallen etwa 250,- an. In Deutschland sind die Kosten mit 5 zu multiplizieren. Die dann anfallenden € 1.250,- übertreffen dann bereits die Kosten für eine Salz-Elektrolyseanlage.

Komfortbewertung

Biguanide und Wasserstoffperoxid lösen, soweit bekannt, keine Reizungen oder Allergien aus. Salzwasser und elektrolytisch erzeugtes Chlor in Kombination ergeben ein weiches Wasser, daß sich angenehm auf der Haut anfühlt. Das Salz selbst sei nicht schmeckbar.

Die von Tri-Chlor auf Salzelektrolyse umgestellt haben berichten ausnahmslos, unter keinerlei Hautreizungen mehr zu leiden und sich insgesamt wohler zu fühlen. Tri-Chlor ist aggressiv und trocknet die Haut aus. Isocyanursäure kann sich ebenfalls negativ auf die Haut auswirken.

Umweltverträglichkeitseinschätzung

Alle vorgenannten Desinfektionsverfahren beeinträchtigen die Umwelt. Am schlechtesten schneidet Tri-Chlor ab. Da dieses aufbereitet ist, dürfte die verwendete Cyanursäure eine tickende Zeitbombe im Grundwasser darstellen.

Elektrolytisch erzeugtes Chlor wird abgebaut. Biguanide ebenfalls. Wasserstoffperoxid fällt umweltspezifisch gesehen nicht ins Gewicht.

Schlußfolgerung:

Biguanide stellen eine echte Chloralternative dar. Allerdings fallen sehr hohe Kosten an. Tri-Chlor ist billig aber aggressiv. In bezug auf die Umwelt ist es ebenfalls nicht empfehlenswert. Einen Mittelweg stellt meines Erachtens die Salzelektrolyse dar. Die Anwendung dieses Systems bietet einen hohen Badekomfort und ist von der Umweltverträglichkeit her in einem akzeptablen Bereich. Auf 10 Jahre gerechnet liegen die Gesamtkosten bei etwa € 1.200,-.

Das billiger wirkende Tri-Chlor liegt dann schon bei € 500,- (In Deutschland bei € 2.500,-).

Da auch die Lagerung des Chlores mit seinen negativen Auswirkungen wie Geruchsbelästigung und Oxydation sowie Reizungen der Atemwege beim Öffnen der Behälter berücksichtigt werden muß, empfehle ich persönlich den Umstieg auf die Salzelektrolyse.

8. Allergien und Reizungen u. a.

Bei Schwimmmbadbenutzern treten gelegentlich Allergien und Reizungen auf.

Chlorakne

Der schlimmste Fall, der eintreten kann, ist die Chlorakne. Diese Kontaktakne wird durch chlorierte Kohlenwasserstoffe ausgelöst. Bei direktem Hautkontakt, oraler Einnahme oder Inhalation können schwerste Krankheitsschübe ausgelöst werden.

Symptome:
- Knoten, Zysten, Fistelkomedom sowie **Mitesserbefall**
- Befall der inneren Organe und des zentralen Nervensystems sind möglich

Tip: Inhalation und Hautkontakt von/mit Chlorprodukten vermeiden (Staubschutzmaske, Handschuhe, u.U. Atemschutzmaske).

Speziell bei Schwimmbadpflegern summiert sich sonst die Kontamination. Mir persönlich ist ein Fall bekannt, in dem ein Poolpfleger an Chlorakne (starker Mitesserbefall) erkrankte.

Chlorallergie

Bei der Chlorallergie handelt es sich um eine Kontakt-Allergie. Der Mensch kommt mit dem Stoff, der die Allergie auslöst, in Kontakt, was die Reizung bedingt.

Dies können sein:
- Hautrötung und Jucken
- Reizung der Atemwege
- Ausschläge
- Schnupfen

Einer Bestätigung der Diagnose müssen allerdings Untersuchungen vorausgehen:
Hauttest – Labortests – Nachanamnese plus Provokationstest
Sollte die Chlorallergie tatsächlich festgestellt werden, bleibt dem Allergiker nichts anderes übrig, als das Chlor künftig zu meiden.

Inwiefern bei belegter Chlorallergie eine Umstellung auf Salz-Elektrolyse Abhilfe schaffen kann, ist bislang unerforscht. Ich nehme eher an nicht.

Bei behaupteten Chlorallergien allerdings waren die Feedbacks alle positiv. Möglich, daß die bei den Schwimmbadnutzern aufgetretenen Reizungen durch chemische Zusätze in den Chlor-Fertigprodukten ausgelöst wurden.

Eine Umstellung auf Desinfektion durch Ozon/Brom oder Sauerstoff böte sich immer als Alternative an.

Rote, brennende Augen

Können durch einen zu niedrigen pH-Wert und/oder durch einen zu hohen Anteil an Chloraminen ausgelöst werden.
   Chloramine werden, wie schon beschrieben, mittels Chlorschock und erhöhter Frischwasserzufuhr abgebaut. Den pH-Wert korrigieren Sie ebenfalls wie beschrieben.

Grüne Haare, Nägel oder Bekleidung

Es werden kupfersulfathaltige Algizide verwendet und dabei die Konzentration des Kupfersulfates überschritten. Möglich ist auch eine Reaktion der Haartönung mit dem Chlor. Die Kupferionen setzen sich in hellen Haren, unter Nägeln oder in der Bekleidung fest und oxidieren (bilden Patina), was die Grünfärbung verursacht.

9. Wasserprobleme und deren Beseitigung bei Ursachen im chemischen Bereich u.a.

Grundsätzlich gilt: Bei Wassereintrübungen ist die Pumpe solange zu betreiben, bis diese beseitigt sind.

Chlorschock: Hinzugabe von 10-20l Flüssigchlor auf 50.000 l Beckeninhalt (s. unter »Wichtige Berechnungen und Kalkulationen«).

Übersicht:

Symptom	Grund	Behebung
Hallenbadgeruch, Haut- und Augenreizungen	Chloramine, Chlorkohlenstoffe oder Bromine, Trihalomethane Freies Chlor zu niedrig, hohe organische Belastung, Überchlorung	Stoßchlorierung (Chlorschock), Frischwasserzufuhr erhöhen Chlor-Neutralisator
pH-Wert schwankt dauernd	niedrige Säurekapazität und/oder Calciumhärte	Säurekapazität erhöhen Calciumwert korrigieren
Kalkausfällungen (Weißfärbung)	Säurekapazität gestört (pH-Wert zu hoch)	Salzsäure hinzugeben
Korrosion der Fugen etc.	pH-Wert zu niedrig	pH-Plus einsetzen
Kalkniederschlag an Wänden	pH-Wert zu hoch, Calcium-Wert etc. zu hoch	Salzsäurezugabe bis pH-Wert unter 7 im Laufe der Behandlung immer nachbessern, bis Beschlag beseitigt
Trübes Wasser Weißfärbung des Wassers	Mangel an Desinfektionsmitteln	Desinfektionsmittel hinzugeben
Leichte Eintrübung des Wassers	kolloidale nicht filterbare Verunreinigungen	Flockmittel hinzugeben
Braun-, Grünfärbung, aber keine Alge	Kupfergehalt zu hoch Eisengehalt zu hoch	pH-Wert auf 7,6, Superflockmittel einsetzen, Chlorschock
schlagartige Abdunkelung des Wassers, obwohl Chlorwert in Ordnung	Umwälzzeit zu kurz	Umwälzzeit erhöhen Pumpe auf Dauer bis Wasser wieder klar
Flecken auf Folie	Schwermetallablagerungen	Mit Spezialreiniger soweit möglich entfernen. Keine schwermetallhaltigen Algizide verwenden
Rostbildung an Leitern	pH-Wert zu niedrig	pH-Wert erhöhen
Schaum	Ein hoher TDS-Wert hohe Alkalinität schäumendes Algizid	Parameter einstellen. Auf Hygiene der Badenden achten, schaumfreies Algizid verwenden
Randbildung (Fettfilm)	Fette, Cremes, Seifen…	Vor dem Baden duschen, Skimmung verstärken
Algenbildung	Desinfektionsmittelgehalt zu niedrig, zu wenig/kein Algizid	Desinfektionsmittelgehalt erhöhen, Algizid zugeben

10. Die wichtigen Parameter, deren Bestimmung und Beeinflussung

Gem. DIN 19643 (Sie erinnern sich?) stehen eine Vielzahl von Parametern zur Beachtung beim Betrieb eines öffentlichen Bades an. Diese hier alle aufzuzählen wäre unsinnig und würde die Sache nur komplizierter gestalten als nötig.

Für das Privatbad sind ausreichend:

1. Desinfektionsmittel (Chlor, Brom, Sauerstoff ...)
2. pH-Wert
3. Säurekapazität
4. Calcium
5. Eintrübung
6. Cyanursäure
7. TDS (Total Dissolved Solids)
8. Redoxspannung

Die unterschiedlichen Meßverfahren

Für den Privatschwimmbadbereich eigenen sich besonders das kolorimetrische, photometrische und titrimetrische Verfahren. Auch elektrometrische Verfahren sind inzwischen erhältlich.

Wichtig ist, daß Sie sich jeweils zuvor die Gebrauchsanweisungen durchlesen. Beim Test für Chlor und beim ähnlich durchzuführenden Test für Sauerstoff kann es möglich sein, daß einige Punkte nicht identisch sind. Die Anwendung einer Gebrauchsanweisung für alle anderen, ähnlichen Testverfahren ist deshalb nicht empfehlenswert.

Beim kolorimetrischen Verfahren geben Sie eine bestimmte Menge des Badewassers in eine Küvette (z.B. Glasröhrchen) und fügen einen Indikator (flüssig oder als Tablette) hinzu. Als flüssiger Indikator ist Orthodolidine (OTO) für Chlor sehr gebräuchlich. Anhand einer beiliegenden Farbskala können Sie dann die annähernde Konzentration des zu messenden Stoffes (z.B. Chlor) ablesen. Genauso verhält es sich bei der Verwendung von Teststreifen.

Allerdings muß bei diesen mit Meßfehlern gerechnet werden, wenn daß Schwimmbadwasser sehr hart oder weich ist. Am genauesten ist hierbei noch das Messen nach der DPD-Methode, bei der Tabletten verwendet werden.

Bei der titrimetrischen Methode verfahren Sie wie oben, fügen aber einen Titer zu einem geeigneten Indikator hinzu.
D.h. Sie stellen erst eine Lösung des Badewassers mit einer Reaktionsflüssigkeit her (=Indikator), um den dann mittels des hinzuzugebenden Titers (i.d.R. Tropfen) zu einem Farbumschlag zu bewegen. Die Menge der zugegebenen Tropfen gibt dann Aufschluß über das Ergebnis.

Photometrische Verfahren sind inzwischen auch auf dem Markt erhältlich. Bei diesen durchleuchtet ein definierter Lichtstrahl eine zuvor gefärbte Probe. Über eine Photozelle ermittelt das Meßgerät Konzentrationsunterschiede, die das bloße Auge nicht erkennen kann. Ein Mikroprozessor errechnet dann die Konzentration von z.B. Chlor und zeigt den Wert digital an. Heutzutage kann nahezu jeder Parameter im Schwimmbadbereich photometrisch bestimmt werden.

Die elektrometrischen Geräte arbeiten mit Sonden, die regelmäßig kalibriert werden müssen. Sie messen sehr genau und sind von der Handhabung her einfach, allerdings auch nicht billig. Ein Profi sollte sie aber vielleicht einsetzen.

Meiner Erfahrung nach genügt daß kolorimetrische Verfahren (OTO oder DPD) aber für den Laien.

Wie werden Konzentrationen im Schwimmbadbereich gemessen?

Konzentrationen werden im Schwimmbadbereich in »parts per million« (ppm) oder »Milligramm pro Liter« (mg/l) gemessen.

Es gilt:
1ppm = 1 part per million = 1 Millionstel
1mg/l = 1 tausendstel eines Gramms/Liter = 1 Millionstel/Liter
Wenn Sie also auf der Farbskala eine der Farbe entsprechende Konzentration in ppm lesen entspricht das der gleichen Konzentration in mg/l und umgekehrt.

Erläuterung und Bestimmung der einzelnen Parameter
Chlor

Es muß (sofern Isocyanursäure bzw. Di- oder Tri-Chlor verwendet wird) unterschieden werden zwischen

- Gesamtchlor
- Freiem Chlor
- Gebundenem Chlor

Gem. DIN 19643 gelten für Chlor im Schwimmbad folgende Werte:

	Hallenbad	Freibad
Freies Chlor:	0,4mg/l	0,8mg/l
Gebundenes Chlor	0,2mg/l	0,2mg/l

Im Ausland gelten teilweise erheblich höhere Werte:
Pennsylvania verlangt eine Konzentration von 2ppm Freies Chlor bei der Verwendung von Isocyanursäure.

In Katalonien sollte dieser Wert zwischen 0,5mg/l und 2mg/l liegen. Das gebundene Chlor sollte nicht höher als 0,6mg/l über dem des Freien Chlores liegen. Das spanische »Boletin Oficial del Estado« sagt aus, daß das Freie Chlor zwischen 0,2mg/l und 0,6mg/l in Hallenbädern liegen sollte.

Sets zum Testen weisen eine Idealbereich des Gesamtchlores zwischen 0,5 und 1,5 mg/l aus. Letzendlich treffen Sie als privater Betreiber die Entscheidung darüber, wie hoch der Chlorwert ist. Bei der manuellen Zugabe ist es ohnehin nahezu unmöglich, einen bestimmten Wert exakt einzuhalten. Die DIN 19643 schreibt deshalb für den Betrieb von öffentlichen Bädern die automatische Zugabe des Chlores vor.

Bei meinen weltweiten Recherchen stellte ich fest, daß in den heißeren Klimaten auch höhere Werte des freien Chlores, daß letztendlich die Hauptdesinfektionsarbeit leistet, vorgeschrieben sind.

Das Freie Chlor ist das Chlor, das tatsächlich für die Desinfektion im Wasser zur Verfügung steht.
Unter gebundenem Chlor versteht man Chlor-Stickstoffverbindungen u.a. (s. Desinfektionsnebenprodukte), die aufgrund einer Reaktion des Chlores mit Ammoniak und anderen Ammoniumverbindungen entstehen.

Gebundenes Chlor wirkt noch desinfizierend, aber deutlich schwächer als Freies Chlor. Das Gesamtchlor setzt sich aus der Summe von Freiem und Gebundenem Chlor zusammen.

Beeinflußt wird der Chlorwert durch die Zugabe des Produktes. Ist überchlort worden, kann mittels Neutralisator schrittweise gesenkt werden.

Gemessen wird es mit OTO-Tropfen, photometrisch oder nach der DPD-Methode. Mit den OTO-Tropfen messen sie lediglich die Menge des Gesamtchlores, ohne zwischen Freiem und Gebundenem Chlor unterscheiden zu können.
    Für Teststreifen gilt das gleiche. Differenzierter können Sie mit der DPD-Methode messen. Nach dieser Methode ist die Bestimmung von freiem, gebundenem und Gesamtchlor möglich.

Brom

Brom muß in höheren Konzentrationen im Wasser vorhanden sein als Chlor, da dessen Oxydationskraft schwächer ist. Auch Brom geht zusätzliche Verbindungen ein (s. Desinfektionsnebenprodukte). Gebundenes Brom ist allerdings, anders als gebundenes Chlor, weiterhin desinfizierend wirksam wie Freies Brom.
    Beeinflussung des Wertes durch Hinzugabe. Ein erhöhter Wert kann wie beim Chlor mit Neutralisator gesenkt werden.

Den Bromgehalt im Wasser messen Sie ebenfalls mit den OTO-Tropfen oder mit der DPD-Methode. Für OTO-Tropfen gilt, daß der gemessene Wert mit 2,25 multipliziert werden muß, um den tatsächlichen Wert zu erhalten.

Aktivsauerstoff

Aktivsauerstoff ist eine hochwirksame Chloralternative und schon näher beschrieben worden. Die Desinfektion mit diesem bietet sich vor allem im Whirlpoolbereich an, da bei Beckengrößen von 1 bis 1,5 m3 der Kostenaufwand im Rahmen bliebe. Für mich dort empfehlenswert, weil Chlor wirklich einfach und sicher vermieden werden kann. Angenehmer können Sie nicht baden. Aktivsauerstoff messen Sie am einfachsten mit Teststreifen.

pH-Wert

(= potentia hidrogenii = Stärke des Wasserstoffatoms im Wasser = Wasserstoffionenkonzentration im Wasser)

Der pH-Wert ist neben dem Desinfektionsmittel als wichtigster Parameter einzustufen, und läßt erkennen, ob ein Wasser sauer, neutral oder alkalisch (basisch) ist. Er wird in erster Linie durch den Gehalt an freier Kohlensäure bestimmt und beeinflußt die Wirksamkeit des Desinfektionsmittels und die Korrosivität des Wassers. Ist ein hoher Anteil an freier Kohlensäure vorhanden, ist das Wasser sauer und aggressiv (s.u.).

Ein pH-Wert über 8,2 läßt erkennen, daß keine freie Kohlensäure mehr im Wasser vorhanden ist und läßt Kalkabscheidungen des Schwimmbadwassers erwarten (s. u.).

Er steht in Wechselwirkung mit der Säurekapazität (Totale Alkalinität) und der Calciumkonzentration. Ist der pH-Wert unter 7, ist das Wasser sauer, bei 7 ist es neutral, über 7 alkalisch (=basisch). Ein zu niedriger pH-Wert (unter 7) bedeutet korrosives Wasser. Metallteile rosten, Kalk (Calcium) wird aus den Fugen gelöst. Die Oxydationskraft des Chlores/Bromes steigt, es verbraucht sich allerdings auch rascher.

Ein zu hoher pH-Wert kann zu Eintrübungen im Wasser bis hin zu Kalkbeschlägen führen, die Oxydationskraft des Chlores/Bromes nimmt ab.

Der regelmäßig gemessene pH-Wert, den man mit entsprechenden Mitteln (pH-Senker wie z.B. Salzsäure oder ein pH-Plus) im idealen Bereich (7,2 bis 7,6) hält, verhindert die o.g. Probleme. Allerdings muß auch die Wasserhärte bei der Festlegung des idealen pH-Wertes berücksichtigt werden.

Zur Berechnung der nötigen Salzsäuremenge siehe bei »Wichtige Rechnungen und Kalkulationen« ab S.91

Einige Beispiele für pH-Werte:
Regenwasser: 5,5 bis 5,8 (kann den pH-Wert beeinflussen)

Harn: 4,8 bis 7,4 (könnte den pH-Wert beeinflussen, aber welche Menge?)

Meerwasser: 7,8 bis 8,2

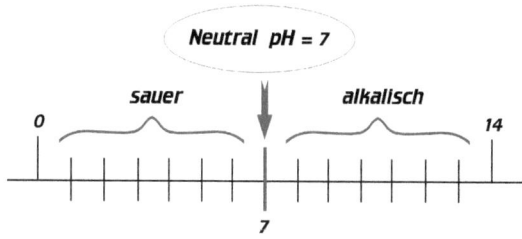

Abbildung 2: pH - Wert - Skala

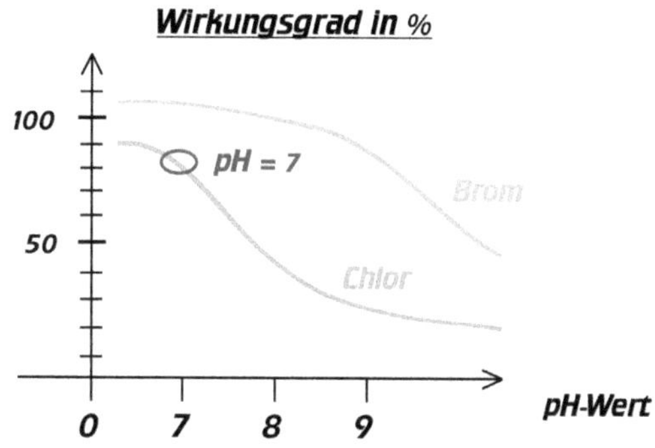

Abbildung 3: grafische Darstellung des Zusammenhangs pH-Wert und Wirkungsgrad von Chlor und Brom

Schematische Darstellung der Zusammenhänge pH-Wert und Wirkung des Chlores/Bromes

ph-Wert und Gegenstromanlage
Nutzen Sie eine Gegenstromanlage führt dieses zu einer Beeinflussung des pH-Wertes. Deren Strömung setzt einen Entgasungsproßeß in Gang.

Messung
Der pH-Wert kann kolorimetrisch, per Teststreifen oder elektrometrisch gemessen werden. Elektrometrische Messung ist allen anderen vorzuziehen, da diese Geräte den gesamten pH-Wert abdecken, während kolorimetrische Verfahren oder gar Teststreifen lediglich zwischen pH-Wert 6, und 8,2 messen können. Aber ist das wirklich eine Messung? Oder nicht eher ein Schätzen.

> Tip: Solange der pH-Wert bei der kolorimetrischen Messung im Idealbereich ist, reicht eine gelegentliche elektronische Messung. Kommt es zu Abweichungen, empfehle ich eine sofortige E-Messung, um daß pH-Plus oder -minus genau dosieren zu können.

Bedenke nämlich:
Die pH-Skala ist ein logarithmischer Maßstab.
Das bedeutet:
Zwischen 7 und 10 wird nicht mit 3 multipliziert sondern mit 10:
10 x 10 x 10 = 1000!

Delta-pH: Sättigungsindex
Um die Aggressivität des Wassers zu bestimmen, genügt der pH-Wert allein allerdings nicht, da dieser auch von der Karbonathärte abhängt. Bei 1 Grad dH liegt das Gleichgewicht z.B. bei pH 7,9, bei 20 Grad dH bei 6,9

Aber:
Die Wasserwerke liefern aufbereitetes Wasser. Messen Sie dieses und stellen Sie fest, daß dessen pH-Wert im für das Schwimmbad idealen Bereich liegt (so wie ich das bisher in der Praxis erlebt habe), behalten Sie diesen einfach bei.

Härte:
Diese wird noch häufig in Grad Deutscher Härte (dH) angegeben. Heute allerdings auch gebräuchlich und neuester Stand der Technik: Die Angabe in Millimol (mmol), der Konzentration der Erdalkaliionen.

Umrechnung:
1 mmol = 5,6 Grad dH = 100mg/l (ppm) $CaCO_3$ (Calciumcarbonat).

Gegenüberstellung der Erdalkaliionen und der Wasserhärte:

Wasser	Grad dH	mmol/L
sehr weich (I)	bis 7,3	bis 1,3
weich (II)	7,3 bis 14	1,3 bis 2,5
mittelhart (III)	14 - 21,3	2,5 - 3,8
Hart (IV)	über 21,3	über 3,8

Idealer pH-Wert unter Berücksichtigung der Härte:

Hartes Wasser	Mittelhartes Wasser	Weiches Wasser	Sehr weiches Wasser
6,8 bis 7,4	7,2 bis 7,8	7,4 bis 8	7,8 bis 8,2

Säurekapazität (Totale Alkalinität)

Diese wird auch Säurebindungsvermögen, Säureverbrauch oder Alkalinität (USA) genannt und drückt die Pufferkapazität des Wassers aus.

Die Säurekapazität KS 4,3 drückt aus, wieviel Säure sie beigeben müßten, um einen pH-Wert von 4,3 zu erreichen (Verbrauch von Salzsäure bei Titration mit Methylorange).

Der Wert KS 8,2 gibt den Verbrauch von Salzsäure (mmol) bei der Titration mit Phenolphtalien bis zum Erreichen von pH 8,2 an.

In den USA geht man einfach davon aus, daß die Alkalinität (Total Alkalinity) die Konzentration alkalinen Materials (Minerale) im Wasser anzeigt.

Der Idealwert liegt zwischen 80 und 150 ppm. Ist der gemessene Wert kleiner als 80ppm, bedeutet das, zuviel Säure ist dem Wasser zugefügt worden, obwohl der pH-Wert hoch ist.

Die Beobachtung der Säurekapazität ist in bezug auf den pH-Wert wichtig.

Ist der pH-Wert stark schwankend, empfiehlt sich die Messung der Säurekapazität. Eine zu niedrige Säurekapazität (Alkalinity) ist für einen schwankenden pH-Wert verantwortlich. Regen etc. kann diesen dann beeinflussen.

Die Korrektur ist durch im Fachhandel erhältliche Produkte möglich. Die nötigen Zugabemengen entnehmen Sie bitte den Beschriftungen auf den Behältnissen. Gemessen wird die Säurekapazität photometrisch oder titrimetrisch. Teststreifen sind weniger empfehlenswert.

Calciumhärte

Bei der Calciummessung wird der Anteil an Calcium-Ionen gemessen. Calcium kann bei zu hoher Konzentration zu Eintrübungen des Wassers, zum Beschlagen der Poolwände, Leitern, des Filtersandes (!) etc. führen.

Deshalb wird es, obwohl auch zum alkalinen Material gehörend, gesondert bestimmt.

Bei einer Konzentration über 600mg/l ist mit einer Kalkausfällung zu rechnen. Eine Beeinflussung der Calciumhärte nach oben wie unten ist ebenfalls durch im Fachhandel erhältliche Produkte möglich. Oder Sie führen einen Wasseraustausch durch. Ein guter Mittelwert ist 300mg/l. Zur Härte s. auch unter pH-Wert.

Messen: titri- oder photometrisch

Eintrübung

Das Schwimmbadwasser muß kristallklar sein. Um dieses zu erreichen bedeutet das die Aufrechterhaltung einer ausreichenden Filtrierung und Flockung, ausreichende Desinfektion sowie die Einhaltung sämtlicher, angegebener Grenzwerte der entscheidenden Parameter.

Ist das Wasser weiß gefärbt, kann das bedeuten:
- Mangel an Desinfektionsmittel
- ungenügende Filtration
- Kolloidale Verunreinigungen
- Kalkausfällung

Vorgehensweise: Prüfen ob Desinfektionsmittel ausreichend. Danach Bestimmung des pH-Wertes, der Säurekapazität und der Calciumhärte. Festgestellte Abweichungen von der Norm werden korrigiert. Hinzugabe eines Flockmittels. Die Pumpe muß dann solange laufen (=Filtration), bis der Pool wieder klar ist.

Bei anderen Verfärbungen wie braun oder schwarz bis hellgrün können diese metallbedingt sein. Grundsätzlich muß dann eine Stoßchlorierung durchgeführt und ein Flockmittel zugegeben werden. der pH-Wert sollte bei 7,6 liegen.

Auch hier muß die Pumpe durchlaufen, bis die Eintrübung beseitigt wurde. Im Fachhandel sind auch weitere chemische Hilfsmittel erhältlich, die das Entfernen von Metallen erleichtern.

Isocyanursäure

Isocyanursäure stabilisiert das Chlor gegen raschen Zerfall durch UV-Strahlen. Bromprodukte enthalten diese Säure nicht, weshalb im Falle der Anwendung von Brom die Messung dieses Parameters entfällt.

Kommt es zu einer zu hohen Konzentration dieser Säure (über 80mg/l), führt das zu einem starken Abfall der Desinfektionskraft des Chlores (s. auch »Fragen zur Isocyanursäure«), d.h. das Chlor gelangt zwar ins Wasser, kann aber schwerer Freies Chlor bilden, bis hin zum Erliegen der Bildung Freien Chlores. Verringert werden kann die Konzentration dieser Säure nur durch den teilweisen Austausch des Badewassers.

Die ersten Boten für eine zu hohe Konzentration der Isocyanursäure sind ein steigender Chlorbedarf und die dadurch bedingte, gelegentliche Unterchlorung, die irgendwann nicht mehr kompensierbar ist. Die Folgen sind chlormangelbedingte Eintrübungen des Wassers, obwohl scheinbar genug Chlor zugegeben wurde.

Wirkung des Freien Chlores bei bestimmten Isocyanursäurewerten

Cyanursäurekonzentration	30mg/l	50mg/l	70mg/l	100mg/l
Freies Chlor	um 45%	um 30%	um 25%	um 10%

Messverfahren: kolorimetrisch, Teststreifen, photometrisch und elektrometrisch.

TDS (Total Dissolved Solids)

Bedeutet nichts anderes als die Summe aller jemals in das Schwimmbad gelangten Stoffe wie Minerale etc., die in das Schwimmbad gelangten und nicht herausgefiltert wurden. Das sind z.B. Isocyanuride, pH-plus, pH-minus, Salze, Reste von Sonnencreme, Stäube, Pflanzenteile ...

Diese Stoffe bauen sich nicht, wie schon bei Isocyanursäure angemerkt, ab. Verdunstendes Wasser läßt sie zurück. Füllen Sie neues Wassser ein, erhöht dieses aufbereitete Naß ebenfalls den TDS-Wert.

Haben Sie einen höheren Wert als 2000ppm, müssen Sie das Wasser austauschen.

Warum? TDS wirken wie ein Blocker oder Schwamm. Sie verhindern bzw. verringern die Wirkung der beigegebenen Chemikalien, was zu höheren Kosten und Problemen bei der Pflege führt.

Gemessen werden TDS mittels eines speziellen TDS-meters (um 150,-Eur) oder in einem Labor. Die beste Möglichkeit, einer zu hohen TDS-Rate vorzubeugen ist es, regelmäßig Füllwasser auszutauschen.

Redoxspannung

In Privatbädern ungebräuchlich, aber trotzdem ergänzend:
Mit der Redoxspannung in Millivolt (mV) mißt man die keimtötende und oxidative Wirkung von Desinfektionsmitteln im Wasser. Sie gibt Auskunft

über das Vorhandensein organischer Verunreinigungen und der damit verbundenen Wirksamkeit des Desinfektionsmittels, allerdings nicht über dessen Konzentration.

Mit ihrer Hilfe kann aber auf die Keimtötungsgeschwindigkeit geschlossen werden. Die DIN 19643 verlangt eine Keimtötungsgeschwindigkeit von 4 Zehnerpotenzen innerhalb von 30 Sekunden.

Diese ist gegeben, wenn bei pH-Wert zw. 6,5 und 7,3
im Süßwasser 750mV
Meerwasser 700mV
gemessen werden.

Diese muß bei steigendem pH-Wert, z.B. 7,3 bis 7,6 (wie wir wissen, nimmt die Oxidationskraft des Chlores dann ab) höher sein:
im Süßwasser 770mV
Meerwasser 720mV

In der Regel wird die Redoxspannung kontinuierlich von einem Automaten gemessen, und zwar stets unter Berücksichtigung des pH-Wertes. 0,3mg/l Chlor wird deshalb in jedem Teil des Beckens vorgeschrieben, um diese Keimtötungsgeschwindigkeit zu gewährleisten.

Kurze Übersicht über die Idealwerte der Parameter

Parameter		Bestimmung
Chlor	0,3mg/l bis 1,5mg/l	1-2mal die Woche
Brom	3,0mg/l bis 5,0mg/l	1-2mal die Woche
Aktivsauerstoff	3,0mg/l bis 8mg/l	1-2mal die Woche
pH-Wert	7,2 bis 7,6	1-2mal die Woche
Alkalinität	80mg/l bis 120mg/l	1mal pro Monat
Calcium	200mg/l bis 400mg/l	1mal pro Monat
TDS	kleiner als 2000mg/l	bei Bedarf
Isocyanuridsäure	30 bis 50 mg/l	1mal im Monat
Redoxspannung	ab 700 aufwärts	dauernd

Zur Bestimmung der Werte möchte ich noch anmerken, daß die Nutzung des Bades selbstverständlich eine Rolle spielt. Je mehr Personen den Pool oder Spa nutzen, desto stärker werden die Parameter beeinflußt. Die Kontrolle derselben muß dann entsprechend verstärkt werden, bis hin zur täglichen oder gar halbtäglichen Messung.

Höhere Temperaturen verlangen ebenso eine stärkere Konzentration des Desinfektionsmittels. An der Costa Blanca empfiehlt sich im Sommer bei einer Wassertemperatur von tw. über 30 Grad Celsius ein Chlorgehalt (frei) von mind. 1,5 mg / l.

Wasserkonditionierung nach dem Langlier-Index

Um das auch einmal gehört zu haben:
Eine nach seinem Entdecker (Wilfried L.) benannte Methode, um festzustellen, ob ein Wasser korrosiv, neutral ist oder zur Niederschlagsbildung neigt.

Hat Wasser einen zu niedrigen Calcium-Wert, ist es korrosiv und möchte diesen Mangel verstärkt durch die Aufnahme von Mineralien ausgleichen (z.B. aus den Fugen).

Andererseits bedingt eine zu hohe Calciumkonzentration die Neigung zum Ausfällen (Niederschlag an Boden und Wänden oder Eintrübung).

Ausbalanciertes Wasser hat weder die eine noch die andere Neigung. Es ist neutral, der Wert nach dem Langlier-Index ist Null. Bei einem Wert kleiner als Null ist das Wasser korrosiv, bei einem Wert größer als Null kommt es mit der Zeit zu Kalkablagerungen.

Zur Bestimmung des Wertes nach Langlier benötigen Sie

- den pH-Wert
- den Temperaturfaktor
- den Calciumhärtefaktor
- den Säurekapazitätsfaktor (Total Alkalinity)

Formel: pH-Wert - Temperaturfaktor - Calciumhärtefaktor - Säurekapazitätsfaktor = LI- Wert
oder: pH-Wert + Temperaturfaktor + Calciumhärtefaktor + Säurekapazitätsfaktor - 12,1 = LI-Wert

Ein Einhalten der schon bei den Parametern beschriebenen Werte wie

- pH-Wert zwischen 7,2 und 7,6
- Alkalinität bei 100mg/l
- Calciumhärte zwischen 200 und 400mg/l

garantiert einen guten Wert nach dem Langlier-Index, sodaß die Berechnung mit einer Formel unnötig wird.

Halten Sie diese ein, bleibt Ihr Wasser auch neutral. Die DIN 19643 erwähnt den Langlier-Index nicht. Wer unbedingt einmal in die Richtung rechnen möchte, der möge sich eine Tabelle mit den Faktoren aus dem Internet herunterladen.

Wasserbalance

Bei der Zuhilfename der Formel zur Errechnung der Wasserbalance gilt gleiches wie oben.

Sie lautet: pH-Wert + Temperaturfaktor + Calciumhärte + Alkalinität = Wert der Wasserbalance

Aufgrund einer Tabelle kann dieser Wert dann zugeordnet werden und Rückschlüsse über evtl. notwendige Korrekturmaßnahmen gezogen werden.

Werden alle Parameter wie gewünscht eingehalten, wird ein Einsetzen der Werte in die Formel einen gutes Ergebnis bringen.

Letztendlich sind bei der Schwimmbadpflege alle näher beschriebenen Parameter regelmäßig zu bestimmen und gegebenenfalls zu korrigieren. Dieses garantiert ein ausbalanciertes Wasser.

11. Wichtige Berechnungen und Kalkulationen

Füllmenge des Beckens

Um Chemikalien richtig zu dosieren, müssen Sie die Menge des Wassers in Ihrem Schwimmbad kennen. Am besten Sie lassen sich beim Bau diesen Wert nennen und notieren ihn. Sollten Sie Zweitbesitzer sein und die Angabe des Herstellers nicht vorliegen haben, können Sie den Beckeninhalt errechnen.

Gerechnet wird in Metern. Das Volumen wird dann in Kubikmetern bestimmt. Ein Kubikmeter (m^3) hat 1000 Liter.

Rechteckbecken
Beim Rechteckbecken rechnen Sie: Länge x Breite x durchschnittliche Tiefe

Rundbecken
Hier lautet die Formel: Radius x Radius x 3,14 x Tiefe ($r^2 * \pi * h$)

Bei **unregelmäßigen** Becken wird das schwieriger:
Zerteilen Sie das Becken am besten in Segmente, rechnen Sie diese einzeln aus und addieren Sie die Ergebnisse. Ist die Form zu unregelmäßig (z.B. Nierenform) bleibt nur noch das Schätzen, ohne dabei die Tiefe zu vernachlässigen. Es besteht sonst die Gefahr, das Becken zu klein zu schätzen.

Konzentrationskalkulation

10 Liter Flüssigchlor ergeben wieviel freies Chlor in ppm?
Wie Sie schon wissen, wird die Konzentration von z.B. Desinfektionsmittel im Schwimmbad in ppm oder mg/l gemessen. Um nicht überzudosieren ist es wichtig zu berücksichtigen, daß das Poolwasser und das Chlorgemisch nicht die gleiche Dichte haben.

Das bedeutet, daß 1 Liter Flüssigchlor in 1000.000 Litern Wasser nicht einem Millionstel Flüssigchlor in dem Wasser entsprechen.

Deutlich wird das, wenn Sie sich folgende, gerundete Berechnung ansehen:

Sie schütten in einen 50m^3 - Pool 10 Liter Flüssigchlor. 50m^3 Wasser wiegen 50.000.000g, 10 Liter Flüssigchlor etwa 12.500g. Schon anhand dessen wird deutlich, daß Sie nicht einfach 1:1 denken dürfen.

10 Liter Flüssigchlor in 50 m^3 Wasser entsprechen 12,5 kg Chlor in 50.000 kg Wasser

Geteilt durch 12,5 ergibt das 1 kg Chlor in 4000 kg Wasser

Es wird nun klar, das 1 Teil Chlor in 4.000 Teilen Wasser ist.

Wieviele Teile Chlor sind nun in 1 Million Teilen Wasser (=ppm)?
   Um dieses Verhältnis in ppm umzurechnen müssen Sie nun

1.000.000 durch 4.000 teilen: 1.000.000: 4.000 = 250

Es liegen demnach 250 ppm Chlor brutto in den 50m^3 Wasser vor.
   Berücksichtigen Sie jetzt noch, daß das Chlor nur in einer Konzentration von ca. 15% vorliegt, müssen Sie ergänzend berechnen:

250 x 15 % = 37,5 ppm

Mit der Zugabe von 10 Liter Flüssigchlor (ca. 15%ig) in einen 50m^3-Pool erziele ich eine Chlorkonzentration (netto) von annähernd 37,5 ppm.
   Um jetzt herauszufinden, wieviel Flüssigchlor Sie zugeben müssen, um die Chlorkonzentration um 1ppm zu erhöhen, rechnen Sie:

10l: 37,5 = 0,26l

A: Es müssen 0,26l zugegeben werden.

Bei einer Erhöhung um 0,1ppm rechnen Sie:

10l: 375 = 0,026l

Andere nützliche Beispiele:

Um den Chlorwert um 0,5ppm zu erhöhen werden z.B. benötigt:

Calciumhypochlorid (65%) ca. 77g .... 100.000l Wasser
Tri-Chlor (90%) ca. 55,5g .... 100.000l Wasser

Beispielrechnung für Tri-Chlor

1kg Tri-Chlor (90%) .... 100.000 l = 1 kg Chlor in 100.000 kg Wasser
1.000.000 ppm : 100.000 = 10 ppm
10 ppm x 90% = 9 ppm

Ergebnis: Mit 1 Kg Tri-Chlor (90%) erzielen Sie einen Chlorwert von 9ppm (=mg/l) in 100.000l Wasser

Um einen Chlorwert von 0,5ppm zu erzielen müssen Sie annähernd 55,5g zugeben.
   Da 100g 0,9ppm bewirken, benötige ich für die Erzielung von 0,1ppm: 11,11g.
   Das mit 5 multipliziert ergibt 55,5 g abgerundet.
   Was sind 55 g? Bedenken Sie einmal, wieviel Sie sonst so beigeben und welche Chlorwerte Sie damit erzielen! Das dürfte sich eher im 100g- bis 200g-Bereich bewegt haben. Die damit erzielte Chlorkonzentration können Sie ja nun selbst ausrechnen.

Der Chlorschock

Um einen Chlorschock erfolgreich durchzuführen, benötigen Sie

10 Liter Flüssigchlor mit 150g/L Chloranteil je 50 Kubikmeter Wasserinhalt
20 Liter Flüssigchlor mit 80g/L Chloranteil je 50 Kubikmeter Wasserinhalt

Beide Qualitäten sind im Handel erhältlich. Hat Ihr Pool nun 60 Kubikmeter Inhalt, so benötigen Sie vom erstgenannten, stärkeren Chlor 12 Liter (10 Liter: 5 x 6 usw.), vom schwächeren Chlor 24 Liter.

Salzsäure zur Senkung des pH-Wertes

Der Salzsäure kommt eine große Bedeutung bei der Korrektur des pH-Wertes nach unten zu.
   Um den pH-Wert in einem 50m^3-Becken um 0,5 zu senken, benötigen Sie

1 Liter 24prozentiger Salzsäure (Herstellerangabe).
1 Liter 20prozentige Salzsäure senkt den pH-Wert um ca. 0,42.

Algizid und andere Kalkulationen

Algizide dosieren Sie gem. Herrstellerangaben.
Diese könnte z.B. so aussehen:
Geben Sie wöchentlich 1 Liter je 100m³ Beckeninhalt zu.
Jetzt hat Ihr Pool aber nur 40m3. Was nun?
Überlege: 40m³ sind 0,4 von 100 m³

Rechnung:
0,4 x 1 Liter = 400 Milliliter (ml)
Lösung: Sie müssen 400ml Algizid wöchentlich zugeben.

Korrektur einer Überchlorung mittels Chlorneutralisator

Sie messsen in Ihrem Pool eine Chlorkonzentration von 5ppm.
   Wie senken Sie den Chlorwert auf 1ppm? Für einen Pool mit 100m³ benötigen Sie 100g Chlorneutralisator für 0,5ppm. Ihr Pool faßt eine Wassermenge von 75m³.
   Überlege: 75m³ sind 0,75 von 100.

Rechnung:
0,75 x 100 g = 75 g je 0,5 ppm
Sie benötigen je 0,5 ppm also 75 g Chlorneutralisator.
Da Sie um 4 ppm senken wollen, bedeutet das:
8 x 75 g = 600 g
Lösung: Sie benötigen 600 g Chlorneutralisator um den gewünschten Wert von 1ppm zu erreichen.

12. Algenbekämpfung

Was sind Algen?

Algen sind vorwiegend im Wasser lebende, pflanzenartige Lebewesen, die Photosynthese betreiben. D.h. sie nehmen mit Hilfe von lichtabsorbierenden Stoffen, den Chlorophyllen (z.B. das Grün), Lichtenergie zur Erzeugung verschiedener, organischer Stoffe auf. Ohne Licht können sie deshalb nicht überleben.

Algen sind mehr- oder einzellig. In Schwimmbädern werden sie als störend empfunden, weshalb sie dort mittels der Desinfektion und dem Einsatz von Algiziden bekämpft werden.

Algizide

Algizide dienen der Bekämpfung von Algen in Schwimmbädern.
In der Regel handelt es sich bei den dort eingesetzten Algiziden um sogenannte Quats (quaterne Ammoniumverbindungen). Diese sind in verschiedenen Qualitäten (schäumend, stark schäumend oder nicht schäumend) erhältlich.

Es lohnt sich, zusätzlich den Chlorwert (durch eine Chlorbeigabe von 250g Tri-Chlor auf 50m^3 Wasser) zu erhöhen, um das Resultat bei Befall zu verbessern.
Aus der Praxis ist bekannt, daß Algen (zumeist die Grünalge) sich gerne in den schattigen Bereichen des Schwimmbades ansiedeln.

Trotz eines optimal gepflegten Beckens kann es vorkommen, daß ein partieller Algenbewuchs auftritt.
Meist bei schwüler Witterung (drückende Luft) und warmen Regenfällen sind diese plötzlich an Beckenwänden etc. festzustellen. Weitere Ursachen für Algenbefall sind eine zu kurze Umwälzungszeit oder tote Ecken, die nicht von der Spülung erfaßt werden (u.U. Düsenstellungen korrigieren).
Algen wachsen auch bei vergleichsweise niedrigen Temperaturen, nur langsamer. Im Winterhalbjahr können sie deshalb auch in Bädern an der Costa Blanca oder klimatisch vergleichbaren Regionen auftreten.

Allgemeine Maßnahmen zur Algenverhütung und Bekämpfung

Grundsätzlich muß die Umwälzung in einem ausreichenden Maße (s. auch Filtration) erfolgen. Gelegentlich kommt es vor, daß Hausbesitzer dem Stromlieferanten ein Schnippchen schlagen wollen und die Umwälzung einfach reduzieren, um Strom zu sparen. Ein Symptom für eine zu geringe Umwälzung ist der schleichende Grünalgenwuchs in schlechter zugänglichen Beckenbereichen und Winkeln.

Außerdem muß regelmäßig gebürstet werden. Das Bürsten bewirkt ein Lösen der noch unsichtbaren Alge von ihrem Nistplatz, beschädigt möglicherweise ihre Oberfläche, das Desinfektionsmittel kann bereits angreifen und sie zerstören. Ferner kann sie vom Filter erfaßt und bei der nächsten Rückspülung entfernt werden. Der Gehalt an nötigem Desinfektionsmittel sollte nie unterschritten werden.

Algenarten

Im Schwimmbad können die Braunalge (Phaeophyta), Grünalge (Chlorophyta), Gelbalge (Chrysophyta) und die Blaualge (Cyanophyta), auch Schwarzalge genannt, auftreten.

Neueste Forschungen haben allerdings ergeben, daß die Cyanophyta nicht der Gruppe der Algen, sondern denen der Cyanobakterien zugehörig ist, und damit eher Gegenstand der Bakteriologie.

Sie ist also weder Pflanze noch Alge.

Braun- und Gelbalgen sind eher selten, am häufigsten treten die Grün- und die Schwarzalge auf.

Zur Beseitigung der Braun- und Gelbalge gelten die gleichen Maßnahmen wie bei der Grünalge.

Beseitigung der Grünalge (Chlorophyta)

Diese Algenart kann schlagartig bei schwüler Luft und nach Gewitterregen auftreten. Dann liegt i.d.R. ein hellgrüner Befall zumeist an den Wänden vor. Ferner kann sie sich langsam entwickeln, wenn o.g. Pflegemaßnahmen nicht durchgeführt werden.

Ihre Färbung ist dann eher dunkelgrün. Bevorzugter Nistplatz sind wie schon beschrieben die schattigen und strömungsarmen Bereiche des Schwimmbades.

Die Eliminierung dieser Algenart ist einfach. Zunächst werden die befallenen Stellen gründlich gebürstet. Ferner wird die Umwälzungsdauer überprüft und gegebenenenfalls erhöht.

Ein beigegebenes Flockmittel ist zur Verbesserung der Filtration hilfreich.
Bei wiederholtem Auftreten ist, soweit möglich, lokal mittels Granulat zu chloren und ein Algizid hinzuzugeben.

Der grüne Pool

Der grüne Pool entsteht bei einer eingeschränkten Wirkung oder einem Mangel des Desinfektionsmittels oder zu kurzer Filtrationszeit. Die Unterscheidung ist nicht unwichtig, da der unnötig hohe Einsatz an Chlor u.U. vermieden werden kann.

Bei einer zu kurzen Filtrationszeit kündigt sich das »Kippen« des Wassers durch eine dunkle Eintrübung an, die immer stärker zunimmt. Die Rückholung ist einfach zu bewerkstelligen:
In der Abdunkelungsphase genügt es, die Pumpe auf Dauer zu stellen, bis das Wasser wieder klar ist. Ohne die zusätzliche Hinzugabe von Chlor! Mit einem Aufklaren ist bereits nach mehreren Stunden zu rechnen.

Ist er bereits grün, muß allerdings mit Flüssigchlor geschockt werden (Stoßchlorierung). Die Menge des zugegebenen Flüssigchlors ist abhängig von dessen Konzentration. Es werden wahlweise 20 Liter (Chlorgehalt 80g/l) oder 10 Liter (Chlorgehalt 150g/l) empfohlen.
Die Pumpe ist auf Dauer zu stellen bis das Schwimmbad wieder klar ist. Ergänzend kann ein Flockmittel hinzugegeben werden. Nach 24 bis 36 Stunden ist das Wasser wieder kristallklar.
Gebadet werden darf erst wieder, wenn die Chlorwerte wieder im akzeptablen Bereich unter 2mg/l sind.

Bei einem Mangel an Desinfektionsmitteln wird das Wasser zunächst hellweiß. um dann schlagartig grün (z.T. nach wenigen Stunden) zu werden. Die Grünfärbung entsteht durch die Grünalge.
Solange der Pool noch im weißen Bereich ist, genügt die Zugabe von 5 bis 10 l Flüssigchlor (je nach Eintrübungsgrad), und die auf Dauer gestellte Pumpe, um das Wasser wieder klar werden zu lassen.
Ist der Pool grün, muß eine Stoßchlorierung (s.o.) durchgeführt werden.
Die Pumpe muß auch in diesem Fall solange laufen, bis er wieder klar ist.

Foto 23: Vernachlässigter und gekippter Pool

Die Blau- bzw. Schwarzalge (Cyanophyta)

Die Blaualge, ugs. **Schwarzalge** genannt, ist der Alptraum jedes Schwimmbadbesitzers.

Da sie sich mit einer Schleimschicht und komplex gebauter Schale (Wand) schützt, ist sie mit reinem Chemieeinsatz nicht zu tilgen. Unglücklicherweise bevorzugt sie neutrale oder leicht alkalische Gewässer (=Poolwasser). Sie meidet Gewässer mit einem pH-Wert kleiner als 5,1. Ich meine sogar beobachtet zu haben, daß sie in Bädern mit einem niedrigeren pH-Wert als 7 oder darunter abstirbt.

Ein schlechter baulicher Zustand des Schimmbeckens ist die Eintrittskarte für diese hartnäckigste aller Algenarten. Sie siedelt anfangs ausschließlich auf Beschädigungen der Fugen. In Linern, Stahl- und GFK-Becken ist sie deshalb gar nicht zu finden, weil diese keine Fugen haben sondern geschweißt sind. Die beste Art, dem Vorkommen dieser Alge entgegenzuwirken, ist deshalb der einwandfreie Zustand des Poolkörpers. Ein regelmäßiges Verfugen schützt wirkungsvoll.

Ein Befall beginnt immer mit kleinen, schwarzen Flecken auf den Fugen der Wände oder des Bodens. Die kleinen Flecken am Boden kann man mit dem gezielten Auftragen von Chlorgranulat vernichten. Ist die Alge braun gefärbt, ist sie abgestorben und kann abgebürstet werden.

An den Stellen, an denen ein Auftragen von Granulat unmöglich ist, z.B. an den Wänden, muß mit einer Stahlbürste solange gebürstet werden, bis alle abbürstbaren Teile zu Boden fallen. Danach wird der Pool geschockt, d.h. überchloriert.

Bereits am folgenden Tag werden Sie einen hellen Belag am Beckenboden sehen, der von totem Algenmaterial stammt.

Die Pumpe muß durchlaufen. Der Chlorgehalt sollte täglich gemessen und hochgehalten werden. Auf jeden Fall ein Algizid zugeben, um neues Wachstum zu hemmen.

> **Tip:** Ist der Boden vorrangig befallen, lohnt es sich, diesen großflächig abzustreuen, ohne auf die einzelne Alge zu zielen.
> Die Pumpe dann 24 Stunden lang ausgeschaltet lassen, um den Aufbau eines Chlorpolsters zu ermöglichen. Innerhalb dieses Polsters besteht eine so hohe Chlorkonzentration, daß die dort befindlichen Schwarzalgen absterben. Zum Ende dieser Maßnahme gut bürsten und danach absaugen.
> Da Chlorgranulat beim Werfen staubt, sollten Sie einen windstillen Moment abwarten, um nicht unnötig mit dem Chlor benetzt zu werden. Symptome: Schnupfen und lokaler Juckreiz. Eine einfache Staubschutzmaske kann helfen, den Chlorschnupfen zu vermeiden.

Kommt es immer wieder zu einem großflächigen Befall, bleibt nur die Beckenentleerung und Sanierung.

Eine langfristige Eindämmung des Schwarzalgenwachstums mit chemischen und physischen Mitteln übersteigt irgendwann die Grenze der Zumutbarkeit, da immer höhere Dosen im Wasser aufrechterhalten werden müßten, und immer mehr Manpower aufgewendet.

Im Laufe meiner Praxis habe ich nahezu alle Mittel und Wundermittel ausprobiert, die sogar prophylaktisch (vorbeugend) gegen die Blaualge helfen sollten. Kosten pro Anwendung bis zu € 60. Keines half wirklich.

Egal ob es sich um Quats oder kupferhaltige Mittel handelte. Eine Bremsung des Wachstums durch kupferhaltige Algizide war erkennbar. Zum Ende der jeweils unterschiedlichen Wirkungsdauer trat die Alge wieder auf.

Zuviel Algizid können Sie aber auch nicht zugeben, da das so belastete Wasser auch gefährlich für den Schwimmbadnutzer werden kann. Trotzdem müssen in befallenen Pools Algizide eingesetzt werden, um zumindest das Wachstum zu hemmen.

Eine wirksame Algenbekämpfung sieht so aus:
Bürsten – Algizide – Schocken - ggf. sanieren

Alternative Algenbekämpfungsmittel

Kupfersulfat
Kupfersulfat ($CuSO_4$) ist ein hochwirksames und preiswertes Algizid auf Schwermetallbasis. Erhältlich ist es als Pulver.

Foto Nr. 24: Kupfersulfat (links) und andere Algizide

Richtig dosiert treten bei den Badenden in der Regel keine Nebenwirkungen auf. In hellgefliesten oder in Kunststoffbecken können sie unansehnliche Flecken verursachen, so daß dort von einem Einsatz des $CuSO_4$ abgesehen werden muß.

Aufbereitet ist es als »Blöcke« oder »Drops« auf dem Markt. Die Drops verursachen nach meinen Erfahrungen Einfärbungen an Skimmerklappen etc.
  Die Blöcke verhielten sich neutral.

$CuSO_4$ ist immer eine Alternative für einen schwierigen, schlecht exponierten Pool. Bei ordnungsgemäßer Anwendung relativieren sich die Nachteile. Die Herstellerangaben sind immer zu befolgen.

Ich empfehle außerdem die regelmäßige Messung des Kupfergehaltes im Wasser. Dafür bietet sich das kolorimetrische Verfahren verfahren an. Entsprechende Testkits sind im Handel.

Silberhaltige Produkte
Silberverbindungen hatten schon immer eine große Bedeutung in der Medizin. Zu den Zeiten unserer Urgroßmütter wurden Silbermünzen in die Milch gelegt, um diese durch die natürliche Antibiotik des Silbers länger frisch zu halten.

Silberhaltige Produkte sind in verschiedenen Versionen auf dem Markt.
U.a. als Verbindung mit Wasserstoffperoxid kann es direkt dem Wasser beigegeben werden oder beim Filtersandwechsel z.B. als 40%iger Anteil.

Silber hat bei der Algenbekämpfung eine hohe Wirksamkeit, positiv ist im Gegensatz zu Kupfer, daß die Beeinträchtigungen für Badende und Accessoires im Becken ausbleiben. Bei dessen Verwendung sind immer die Herstellerangaben zu befolgen.

Ionisierung
Eine wirksame Alternative zur Beigabe von Algiziden ist die Anwendung elektrolytischer Verfahren.
Wie schon bei der Salz-Elektrolyse beschrieben fließt auch hier ein Gleichstrom zwischen 2 Elektroden, die hier aus Kupfer (Cu) und Silber (Ag) bestehen. Kupfer-Ionen wirken hierbei wie ein Flockmittel, Silber-Ionen wie ein Algizid. Ein Versuch mit einer solchen Anlage hat ergeben, daß ganzjährig keine Algen (von Grün bis schwarz) in dem Schwimmbad festgestellt wurden.
Das ordnungsgemäße Betreiben des Systems verhindert jegliche Nebenwirkungen wie die Colorierung der Haare oder Badekleidung. Entscheidend ist, wie beim Kupfersulfat, das die Dosierung nicht zu hoch erfolgt.Die anfangs hohen Anschaffungskosten (um € 1.000,-) relativieren sich nach einigen Jahren, da Sie Flockmittel und Algizide sparen. Die Elektroden müssen nach einem gewissen Zeitraum (2 bis 5 Jahre) ausgetauscht werden. Kosten um die € 50,-

Foto 25: Ionisierungszelle mit Kupfer- und Silberelektrode

13. Sonstige Schwimmbadchemikalien

Neben den Desinfektionsmitteln werden zusätzlich weitere Chemikalien benötigt, um das Schwimmbad in einem einwandfreien Zustand zu erhalten. Entweder werden diese oder der Parameter zuoberst genannt.

Hier sind die wichtigsten:

Salzsäure

Salzsäure wird vorwiegend zur Senkung des pH-Wertes genutzt. Es stellt eine Alternative zu pH-Senkern dar, die meist als Pulver vertrieben werden. Nach kurzer Übung werden Sie gelernt haben, die richtige Menge zuzugeben, um einen akzeptablen pH-Wert zu erreichen.

Siehe aber auch unter »Wichtige Rechnungen und Kalkulationen« ab S.91.

Die Zugabe erfolgt immer in den Strom der Rücklaufdüsen und so, daß Spritzer vermieden werden.

Ebenfalls unverzichtbar ist Salzsäure für das Entfernen von Kalkflecken am Rand etc. Die Salzsäure wird unverdünnt aufgetragen und die betroffene Stelle dann nachgebürstet. Achten Sie beim Auftragen auf aufsteigende Dämpfe und Spritzer! Die Salzsäure am besten immer schräg nach vorne einsetzen und nicht den Kopf über die benetzte Stelle halten. Nach einer kurzen Einwirkungszeit abbürsten oder mit dem Schwamm abwischen.

pH-Plus

Ein pH-Plus ist entweder als Pulver oder flüssig zu erhalten und läßt den pH-Wert ansteigen. Auf den Behältern ist die jeweilige Menge angegeben, die den pH-Wert um einen bestimmten Wert erhöht. Das kann zum Beispiel sein: 250g je 100m^3 erhöhen den pH-Wert um 0,1.

Die Zugabe muß immer bei laufender Umwälzung erfolgen, um ein gleichmäßiges und zügiges Verteilen des Mittels zu erreichen. Am besten, Sie schütten es direkt in den Strom der Rücklaufdüsen.

Wichtig: Nicht in einem engen Treppenzugang zugeben. Dort entstände dann über einen längeren Zeitraum ein so hoher pH-Wert, daß mit einem Kalkbeschlag der Wände zu rechnen wäre.

pH-Minus

Ein pH-Minus wird in der Regel als Pulver angeboten. Es senkt den pH-Wert. Die Zugabe erfolgt wie die des pH-Plus. Auf dem Behälter werden Sie ebenfalls ein Dosierbeispiel vorfinden.

Calciumhärte

Auch die Kalziumhärte (Wasserhärte) ist inzwischen beeinflußbar. Sowohl nach oben als auch nach unten. Ein Pulver wird wie die anderen, o.g. Pulver zugegeben. Zugabe nach Herstellerangaben.

Totale Alkalinität

Diese wird ebenfalls mit einem Pulver beeinflußt. Möglich ist das Anheben oder das Absenken des Wertes. Zugabemengen gemäß den Herstellerangaben.

Chlorneutralisator

Mit einem Chlorneutralisator kann eine Überchlorung korrigiert oder das Abklingen eines Chlorschocks beschleunigt werden.

Chlorstabilisator

Der Chlorstabilisator wird bei dem Einsatz von Di- oder Tri-Chlor im Freibad keine Rolle spielen. Bei diesem handelt es sich nämlich um nichts anderes als Isocyanursäure, deren Wert man eher niedrig halten möchte. Im Hallenbad ist er ebenfalls unnötig, da die UV-Strahlung dort als sehr gering einzustufen ist. Und gegen diese soll er das Chlor ja stabilisieren.

Flockmittel

Flockmittel sind eine wichtige Ergänzung. Zur Vermeidung von Eintrübungen des Poolwassers müssen sie regelmäßig zugegeben werden. Sie binden sogenannte kolloidale Verunreinigungen und machen sie dadurch filtrierbar.

Am besten haben sie sich als Tabletten und in Kissen bewährt. Die Zugabe erfolgt über den Skimmer. Empfehlenswert ist diese alle 14 Tage.

Ein Nachflocken im Schwimmbad bleibt bei der empfohlenen Zugabe aus. Finden sich doch Flockenhaufen im Becken, ist dieses ein Hinweis auf eine gestörte Filtration.

14. Schwimmbadpumpen

Allgemein:

Die im Schwimmbad verwendeten Pumpen sind elektrisch betriebene Pumpen, die per E-Motor (gestartet durch einen Kondensator) über eine Welle ein Laufrad (Impeller) antreiben, daß das Wasser fördert. Im Idealfall wird die Pumpe unterhalb des Wasserniveaus installiert, um einen Betrieb unter Last zu ermöglichen. Die Ansaugrohre dürfen keinen kleineren Durchmesser als die Pumpenöffnung haben. Zur Vermeidung der Bildung von Luftblasen muß die Ansaugleitung mit einem leichten Gefälle angelegt werden (Luftblasen können dann wieder nach oben entweichen).

Muß die Pumpe oberhalb des Wasserspiegels installiert werden, ist darauf zu achten, die Ansaugleitung soweit wie möglich unter dem Wasserniveau zu führen und dieses erst beim Treffen auf die Senkrechte zu verlassen. Auch hier gilt die Gefälleregelung. Aber auch deshalb, damit das Wasser in Richtung Pumpe fließt, was den Neustart erheblich erleichtert. Ferner darf die Senkrechte nicht höher als 2m sein.

Die Pumpe ist, um Geräuschbelästigungen (z.B. Brummen) auszuschließen, wenn möglich nicht im Wohnhaus auf gleicher Höhe mit einem Appartment zu installieren.

Vor jedem Neustart einer Pumpe nach deren Entleerung ist der Vorfilter dieser mit Wasser zu füllen, um den Aufbau eines Ansaugvakuums zu ermöglichen. Dieses ist vor allem nötig, wenn die Pumpe oberhalb des Schwimmbeckens installiert wurde.

Bei tieferliegenden Pumpen genügt das Öffnen der entsprechenden Ventile. Der Vorfilter wird dann automatisch geflutet.

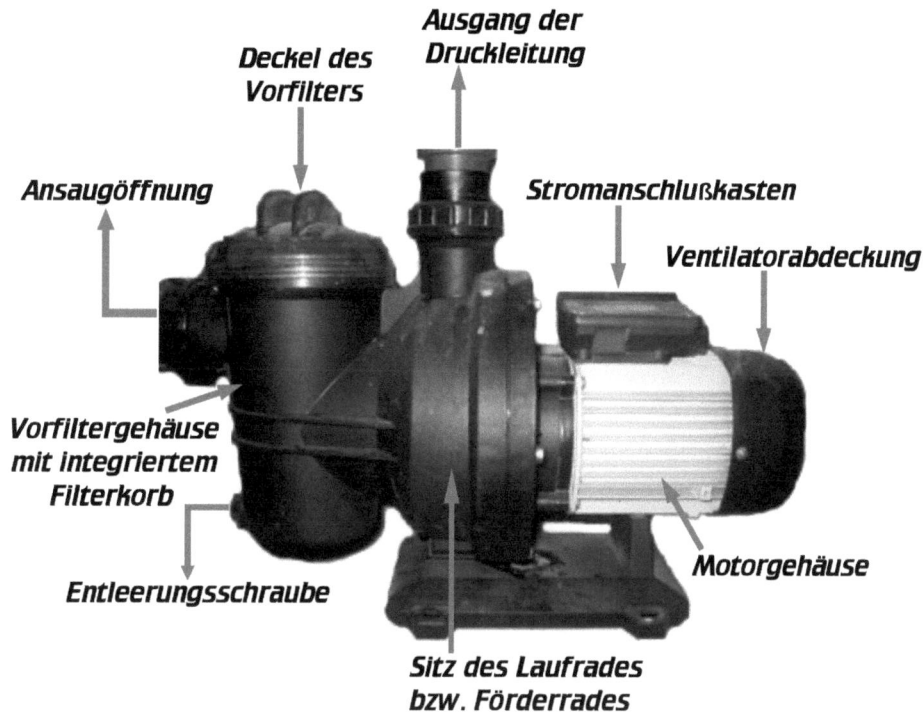

Abbildung 5: Schwimmbadpumpe

Welche Pumpe ist für mein Schwimmbad geeignet?

Die Stärke der Pumpleistung ist in Relation zur Füllwassermenge zu setzen. In der Praxis hat es sich bewährt, die Wassermenge mindestens 1 bis 1.5fach am Tage binnen 6 bis 8 Stunden bei Badebetrieb umwälzen zu können. Diese Umwälzzeit muß aber unter Umständen erhöht werden. Bei geringer Nutzung (z.B. 2 Personen) kann die Umwälzdauer allerdings auch reduziert werden.

Nehmen wir an, Ihr Bad faßt 75.000 Liter. Diese möchten Sie 1,5 fach in 8 Stunden umwälzen.

Rechne: 75.000 l x 1,5 = 112.500l gesamt zu pumpende Wassermenge
112.000 l : 8 = 14.000l pro Stunde zu fördern
Antwort: Die Pumpleistung muß 14.000l (=14m^3) pro Stunde (h) betragen. Der Fachhändler wird Sie dahingehend beraten können.

Head oder Maximale Förderhöhe

Neben der Pumpleistung pro Stunde könnte es einmal wichtig erscheinen, die zulässige Leistungsfähigkeit in »Head« (= max. Förderhöhe) zu berücksichtigen. Diese könnte bei einer 3/4 PS-Pumpe so aussehen, daß diese bei Head 4m 18.000l/h ist, und bei Head 17m gleich Null. Analog zur »Head« bzw. »Förderhöhe« in Metern wird in einem Leistungsdiagramm in Kubikmetern angegeben, wie leistungsfähig eine Pumpe ist.

Für die Praxis bedeutet das, Sie müssen die Summe des gesamten Widerstandes der am Rücklauf beteiligten Leitungen (= Druckleitung), Filter, Heizung etc. berücksichtigen. Auch die Schwerkraft spielt u.U. eine Rolle, wenn die Pumpe sehr tief liegt.

Das gleiche gilt für die Zulaufleitungen der Pumpe. Auch dort wird Widerstand produziert. Für die Praxis bedeutet das nichts anderes, als auch dort mit Widerstand zu sparen, da ein starker Widerstand beim Ansaugen auch ein schwaches Fördern bewirkt.

Zu berücksichtigen ist für den Installateur, daß er möglichst wenig Widerstand produziert. Beeinflußbar ist diese, wenn statt eines 90 Grad-Winkels ein oder zwei 45 Grad-Winkel eingebaut werden und, soweit möglich, kurze Rohrleitungen.

Genaue Maße für die Widerstände der einzelnen Einbauteile können im Fachhandel erfragt werden.

Als Faustformel gilt: 50m^3-Pools benötigen eine 3/4 PS-Pumpe, größere die 1 PS-Version oder stärkere.

Einer genauen Bestimmung steht aber ja nun nichts mehr im Weg.

Beachten Sie auch den Abschnitt »Kombination Filter und Pumpe«.

> **Tip:** Es ist immer eine größere Variante zu bevorzugen. Die Preise liegen bei den verschiedenen Pumpengrößen eng beieinander. Eine stärkere Pumpe bedeutet aber eine höhere Fließgeschwindigkeit (Schutz gegen Verstopfung und Ablagerungen) sowie eine bessere Saugleistung beim Reinigen.

Der richtige Pumpenkorb

Allerdings muß auch noch berücksichtigt werden, daß der Pumpenkorb den Ansprüchen genügt.

Ist mit einer regelmäßigen Verschmutzung durch Piniennadeln oder Laub zu rechnen, kann ein zu kleiner Pumpenkorb die Schwimmbadpflege erheblich dahingehend beeinträchtigen, daß sie mindestens einmal das Saugen unterbrechen müssen, um den Korb zu entleeren.

Tip: Je größer der Pumpenkorb, desto besser.

Berechnung der Betriebskosten

Eine Abrechnung der Betriebskosten wird in Kilowatt pro Stunde (kw/h) vorgenommen.
   Wieviel Kilowatt (kw) verbraucht Ihre Pumpe pro Stunde?
   Watt ist die SI-Einheit der Leistung in der Physik. Ein Kilowatt sind 1000 Watt.

Kalkulation:
Üblicherweise wird Ihre Pumpe mit 220 Volt (V) betrieben.
   Nehmen wir an, auf dem Typenschild Ihrer Pumpe steht P1 = 1,2 Kw. Aufgrunddessen können Sie annehmen, daß Ihre Pumpe auch etwa 1,2kw/h verbraucht, allerdings unter Maximal-Last.
   Da dieser Verbrauch aber durch die tatsächliche Belastung des Motors der Pumpe bestimmt wird, kann der reale Verbrauch davon abweichen. Ich habe mit einem Verbrauchsmeßgerät für eine solche Pumpe auch schon einmal weniger Verbrauch gemessen.
   Zahlen Sie für eine Kilowattstunde 23 Cent kommen sie bei 8 Betriebsstunden auf 8 x 0,23 Euro = 1,84 Euro / Tag.
   Eine Zahl, die die richtige Pumpenlaufzeit interessant erscheinen läßt!
   Siehe mehr dazu unter Filtration.

Störungen der Pumpe

Grundsätzlich wird hierbei angenommen, daß die Pumpe ordnungsgemäß eingebaut und auf die richtige Spannung und Verkabelung geachtet wurde. Sie wurde ordnungsgemäß mit Wasser gefüllt.

Pumpe leckt:

Die Pumpe kann am Deckel des Vorfiltergehäuses oder am Übergang des Pumpenkörpers zum Motorgehäuse lecken. Bei der Dichtung des Vorfilters kann das Umdrehen des Gummies genügen. Fremdstoffe (z.B. Baumnadeln) müssen Sie natürlich aus der Nut entfernen. Leckt die Dichtung zw. Pumpenkörper und Motorgehäuse, muß diese erneuert werden.

Pumpe saugt Luft:

Ansaugleitungen und Pumpengehäuse überprüfen. Eine solche Undichtigkeit muß nicht immer durch einen Wasserverlust auffallen, wenn sie am Pumpengehäuse vorliegt und die Pumpe über dem Wasserspiegel des Pools liegt. Denkbar wäre eine verschlissene Deckeldichtung oder eine undichte Verschraubung. Erstere läßt beim Betrieb sichtbar Luftblasen eintreten und/oder ist kurz nach Ausschalten der Pumpe hörbar. Denkbar ist auch ein gesprungenes Gehäuse (weil der Installateur den Ansaugstutzen zu stark hineindrehte oder statt Teflonband Hanf verwendete).

Pumpe schlägt:

Saugt die Pumpe stoßweise bei erhöhter Geräuschentwicklung, ist eine fehlerhafte Ansaugleitung gegeben, die kleiner als der Ansaugstutzen der Pumpe ist oder es liegt eine Verstopfung (s.u.) vor. So können Sie nicht ausreichend saugen.

Ist die Ansaugleitung zu klein, können Sie das stoßweise Ansaugen dadurch kompensieren, indem Sie den Bodenanschluß (der beim Saugen an sich fest geschlossen wird) soweit öffnen, daß ein kontinuierlicher Wasserstrom entsteht. Die Saugkraft am Sauger ist dann zwar geschwächt, es ist aber ein gutes Ergebnis zu erzielen.

Foto 25a: Die abgebildete Verkleinerung der Ansaugleitung läßt die Pumpe schlagen

Pumpe gebrannt:

Ist die Pumpe ausgebrannt (Motor schwarz, Brandspuren am Gehäuse) ist eine Reparatur unwirtschaftlich. Beim Austausch der Pumpe beachten Sie bitte den Punkt »Kombination Pumpe/Filter«.

Pumpe jault/klackert:

Hören Sie ein Jaulen oder Klackern, ist ein Lagerschaden anzunehmen. Eine Überholung kostet ca. 120,-Euro (2004). Je nach Alter der Pumpe lohnt sich diese unter Umständen. Meine persönliche Grenze liegt bei 5-7 Jahren.

Pumpe schaltet dauernd ab:

Sind die Laufgeräusche normal? Wenn nein s. o.
Ist die Absicherung hoch genug (i.d.R. 5,5A)?
Der Überhitzungsschutz (Thermoschalter) unterbricht?
Prüfen Sie, ob die Pumpe zu heiß ist. Eine Pumpe ist bei normaler Funktion warm, aber nicht heiß. Eine heißgelaufene Pumpe deutet auf einen Lagerschaden hin.

Der Thermoschalter ist defekt? Ein Service wird den Motor vom Thermoschalter trennen (bzw. überbrücken) und bei ausbleibender Unterbrechung wissen, daß der Thermoschalter defekt ist. Unterbleibt diese nicht, ist der Motor defekt.

Pumpe startet nicht:

Überprüfen Sie mit einem Phasenprüfer, ob Spannung anliegt.

a) am Sicherungskasten
b) an der Pumpe

bei a) negativ, Sicherung überprüfen, bei b) negativ, Kabelkontakte checken.

Es liegt Spannung an, aber

Pumpe startet nicht:

Stattdessen ertönt ein Summen, das nach kurzer Zeit erlischt oder die Pumpe startet:

Hier liegt kein Lagerschaden, wie mir ein angesehener Schwimmbadladenbesitzer erzählte (weismachen wollte?) vor, sondern ein defekter Kondensator. Bauen Sie den defekten Kondensator aus und einen neuen ein. Eine Reparatur, die auch Laien ausführen können.

Theoretisch könnte aber auch eine blockierte Welle vorliegen. Zur Überprüfung dessen bauen Sie den Rotorschutz ab und drehen Sie den Rotor mit einem Schraubenzieher. Ist dieser fest, muß die Pumpe zerlegt und das blockierende Element entfernt werden.

Pumpe saugt schwach:

Druckmesser auf dem Filtergehäuse zeigt hohen Druck? Filter spülen und dann Rücklauf (visuell oder mit der Hand im Becken) testen.

Druckmesser zeigt normalen oder niedrigeren Druck? Korb in Pumpe reinigen.

Zeigt die Pumpe trotzdem eine deutlich schwächere Leistung wie gewohnt, ist in der Regel das Laufrad (Impeller) blockiert. Die Kanäle sind teilweise verstopft (z.B. durch Baumnadeln, Palmensamen etc.). Zur Behebung fühlen Sie mit einem Finger in den Kanal zwischen Vorfilter und Laufrad (=Diffusor). Die Nadeln oder Blätter lassen sich, mit ein wenig Übung, leicht herausziehen. Zur Vermeidung dieser häufigen Störung führen Sie diese Prozedur am besten regelmäßig bei der Vorfilterreinigung aus.

Sollten dort keine Verschmutzungen festgestellt werden oder die Pumpe läuft nach deren Entfernung nicht besser, muß das Laufrad selbst gereinigt werden. Dazu müssen Sie die Pumpe teilweise zerlegen (Auseinanderbauen des Gehäuses ...), um an dieses zu gelangen.

Die Kanäle des Laufrades reinigen Sie dann mit einem Draht.

Foto 26: Ausgebautes Laufrad einer Pumpe mit sichtbaren Kanälen

Es sind auch Verstopfungen im Rohrsystem denkbar. Ich fand von der Schwimmbrille bis zur Badekappe ziemlich alles in der Pumpe, was denkbar ist. Um dieses herauszufinden isolieren Sie die einzelnen Ansaugleitungen (Skimmer-, Boden-, Saugerleitung) nacheinander beim Betrieb.

Eine dieser Leitungen wird dann dadurch auffallen, daß die Pumpe bei deren Betrieb deutlich sichtbar weniger Wasser fördert und Geräusche entwickelt. Versuchen Sie dann mittels kurzem Öffnen und Schließen der Leitung (bei laufendem Motor), die Blockade zu beseitigen.

Das 50er-Rohr läßt einiges durch. Schwachpunkte sind aber 90 Grad-Krümmungen oder Ventile. Bei der Suche müßte wohl da angesetzt werden, zumal ein Ventil selbst schadhaft sein kann.

Tip: Zunächst die Ventile ausbauen und prüfen. Liegt dort keine Verstopfung oder Bruch vor, Spirale oder Elektrokabelkanal durchschieben und so versuchen, die Blockade zu lösen. Hilft auch das nicht, muß wohl geklempnert werden, bis hin zum Bypass.

Bypass
Der Bypass ist auch eine Alternative bei Leitungen die Luft saugen, blockiert sind oder lecken. Es wird dann nämlich gar nicht mehr die Leckage gesucht, sondern umgangen. Das ist kostengünstiger als aufbuddeln und die Bruchstelle auszubessern.

Pumpe über Wassserspiegel des Schwimmbades

Dieses ist grundsätzlich zu vermeiden. Die Pumpen sind für den Betrieb unter Last (s.o.) konstruiert.

Ist dieses nicht gegeben, könnten Leckagen im System zum Ausfall bis hin zum Totalschaden führen, wenn die Pumpe trocken liefe. Störungen wirken sich allgemein drastischer aus. Eine Pumpe unter Last holt sich immer ihr Wasser. Fiele der Skimmer trocken, wäre immer noch der Bodenanschluß da.

Anders bei der erhöhten Pumpe. Ein Strömungsabriß wäre möglich.

Die Begründung, die Pumpe müsse über den Wasserspiegel, weil kein Platz für ein Pumpenhaus da sei, ist seit Aufkommen der Technikboxen, die in etwa einem halben Kubikmeter alles aufnehmen und witterungsbeständig sind, nicht mehr zwingend. Selbst wenn kein natürliches Gefälle vorhanden wäre, hielten sich die Kosten für eine Ausschachtung in Grenzen.

Es wäre so auch immer eine Trennung von Pumpe und Wohnhaus gewährleistet, was einer Geräuschbelästigung durch Schwingungsübertragung oder Schall vorbeugt.

Foto 27: Box für Pumpe und Filter unterhalb des Wasserspiegels

Strömungsabriß einer solchen Pumpe

Ist die Pumpe einmal selbst trocken gefallen, müssen Sie zunächst den Pumpenkörper mit Wasser füllen, um den erfolgreichen Neustart zu ermöglichen. Ist der Wasserspiegel unterhalb des Skimmers, muß erst ausreichend Wasser nachgefüllt werden, um erneutes Luftansaugen zu vermeiden.

Gelingt das Ansaugen von Schwimmbadwasser nicht, und droht die Pumpe trocken zu laufen, müssen Sie diesen Versuch abbrechen. Es stellt sich dann die Frage, ob eine Leckage am Rohrsystem vorliegt, über die Luft gezogen wird und Wasser entweicht, oder ob die o.g. Regeln des Installierens nicht eingehalten wurden. Es bieten sich zur Störungsbeseitigung noch folgende Möglichkeiten:

Bodenablaufventil schließen, Skimmeröffnung mittels Schraubstopfen im Skimmergehäuse schließen, Pumpe und Rohr mittels Gartenschlauch fluten und sehen, ob das Wasser versickert oder stehenbleibt. Da der Stopfen das Abfließen in den Pool verhindert, wäre ein Versickern der Beweis für ein Leck. Bleibt dieses aus, können Sie von einer intakten Skimmerleitung ausgehen.

Schließen Sie dann die Pumpe und starten Sie den Motor, nachdem ein Helfer den Stopfen auf »Hepp!« herausnahm.

Haben Sie keinen Helfer, starten Sie die Pumpe allein und lösen den Stopfen mittels einer Rohrzange.
Die Pumpe nimmt keinen Schaden dabei, das Laufrad dreht normal, kann aber solange nicht fördern, bis der Stopfen aus dem Skimmer entfernt wurde.

Der Ansaugversuch ist sicher erfolgreich. Beobachten Sie dann, ob noch Luftblasen angesaugt werden. Wenn ja, muß die Skimmerleitung ein Leck haben, daß bis dahin unentdeckt blieb. Öffnen Sie dann das Bodenablaufventil, um die Pumpe auch von dort zu speisen.
Zur **Entlüftung** des Filters führen Sie zügig eine Rückspülung durch (die Pumpe darf nicht lange ausbleiben): Ausschalten – Multiventil auf Rückspülen umstellen – Anschalten – Entlüften – Abschalten – Nachspülen – Abschalten – Filtration: Nach dem Entlüften der Filteranlage etc. lassen Sie kurz die Bodenleitung allein speisen. Tritt dabei erneut Luft ein, ist in dieser ein Leck zu vermuten.
Ist ein Leck in der Skimmerleitung erwiesen (s.o.), schließen Sie deren Ventil im Pumpenhaus und öffnen das Bodenabflußventil, um über die Bodenabflußleitung einen Ansaugversuch zu beginnen.
Diese können Sie nicht so einfach schließen, um Wasser, daß Sie in die Pumpe füllen, am Abfließen bis auf Höhe des Wasserspiegels zu verhindern. Deshalb beginnen Sie mit einer einfacheren Methode, die ebenfalls bei dem Ansaugversuch über den Skimmer angewandt werden kann:
Widerstandsreduzierung! Wie bereits beschrieben ist der Widerstand, der sich dem Wasserfluß entgegenstellt, wenn es durch das Rohrsystem fließt, von Rohren etc. beeinflußt.
Einschließlich des Filters. Dieser nun bedeutet einen erheblichen Head-Faktor. Außerdem stellt die Rücklaufleitung einen erheblichen Widerstand dar. Um diese nun aus dem Wasserkreislauf herauszunehmen, stellen Sie das Multiventil (MV) auf -Entleeren- ((02.00).
Das von der Pumpe zu fördernde Wasser fließt dann direkt über den Ablauf ab. Der Gegendruck ist dann gleich null.
Aufgrunddessen wird mehr Leistung für die Ansaugleitung frei. Füllen Sie nach dem Umstellen des MV das Filtergehäuse erneut mit Wasser, schließen Sie den Deckel und starten Sie den Motor.
Ist die Installation ordnungsgemäß durchgeführt worden und kein Leck in der nun genutzten Verrohrung, muß dieser Ansaugversuch gelingen. Pumpen Sie dann solange Wasser über -Entleeren- ab, bis der Pumpenkörper voll Wasser ist und die Pumpe ruhig läuft. Entlüften Sie wie oben.
Schlägt auch dieser fehl muß auch bei dieser Leitung von einem De-

fekt ausgegangen werden. Kommt eine gewisse Wassermenge, aber mit Luft durchmischt, liegt trotzdem ein Leck auch in dieser Leitung vor.

In meiner Praxis kam dieses einmal vor. Zusätzlich war auch der Saugeranschluß seitlich leck, deutlich durch das Luftansaugen. Was nun? Die Kundin erwartete Besuch von den Enkeln. Es mußte sofort eine Lösung her. Aber welche? Der **Bypass** für den Skimmer brachte den gewünschten Erfolg.

Bodenanschluß und Saugeranschluß wurden mit Schraubstopfen geschlossen (Tauchereinsatz), die Skimmerleitung wurde durch ein Flexrohr ersetzt, sodaß eine Umwälzung stattfinden konnte.

15. Verschiedene Filterarten und die Filtration

Der Filtration (Umwälzung) kommt bei der Schwimmbadpflege eine große Bedeutung zu.

Sie muß lang genug sein, um Störungen zu vermeiden. Die minimale Umwälzungng ist das 1 bis 1,5 fache des Beckeninhaltes in 6 bis 8 Stunden (s.a. Kombination Pumpe/Filter) bei Badebetrieb, die eine Anlage schaffen muß. Eine Filterleistung wird in Mikron angegeben. Ein Mikron ist der tausendste Teil eines Millimeters.

Unterschiedliche Filterarten

Auf dem Markt sind verschiedene Systeme erhältlich:

- Diatomaceous Filter (DE)
- Kartuschenfilter
- Mehrschichtfilteranlagen
- Standard-Sandfilter

Diatomaceous Earth Filter (DE)

Der Diatomaceous Earth (DE) Filter filtert mit DE-Erde. Bei dieser handelt es sich um die Mikroskelette von Organismen, die vor Urzeiten auf der Erde lebten. Er ist so aufgebaut, daß sich zumeist Gitterelemente spiralförmig in diesem befinden, welche die DE halten.

Seine Reinigung stellt sich als nicht unproblematisch dar. Bei einer Rückspülung gehen bis zu 70% des Filtermediums verloren (Herstellerangaben). In der Praxis schwankte der Verlust aber zwischen 10 und 90%. Keine unwichtige Abweichung, wenn Sie bedenken, daß Sie verlorenes Filtermaterial ersetzen müssen. Hinzu kommt, daß in der Praxis ein Verkleben der Gitter mit Fetten und Ölen auftrat. Eine Verschmutzung, die nicht mittels Rückspülens beseitigt werden konnte. Ein Öffnen und Reinigen von Hand war nötig. Die Leistung dieses Mediums geht bis zu 5 Mikron (Herstellerangaben).

Kartuschenfilter

Der Kartuschenfilter ist wie ein DE-Filter aufgebaut. Allerdings sind die in verschiedenen Formen (je nach Hersteller spiralförmig, kegelförmig oder ...) angeordneten Gitter aus einem speziellen Material (z.B. Polyester), die das eigentliche Filtermedium darstellen, d.h. es wird kein zusätzliches Filtermaterial benötigt.

Die Reinigung ist einfacher als beim DE-Filter: Die Kartusche wird entnommen und mit Spülwasser ausgewaschen. Für Fette und Öle nehmen Sie einen Reiniger hinzu, der vom Hersteller angeboten wird (wegen der Materialverträglichkeit). Je nach Hersteller variiert die Leistungsfähigkeit.
   Sie dürfte allgemein zwischen 5 und 10 Mikron liegen (Herstellerangaben).

Mehrschichtfilteranlagen

In einem Mehrschichtfilter wird Aktivkohle und ein Sand verwendet. Die Aktivkohle wird allerdings auch beim Rückspülen verbraucht und muß deshalb regelmäßig je nach Verlust nachgefüllt werden.
   Das bedeutet regelmäßiges Öffnen und Kontrollieren.
   Aktivkohle filtert hervorragend auch

- Eisen und Mangan
- jegliche Trübstoffe

bis hin zu gebundenem Chlor und Trihalomethanen

Standard-Sandfilter

Am gebräuchlichsten im privaten Schwimmbad ist der Standard-Sandfilter.
   Er leistet eine Filtration bis zu 15 Mikron, die noch durch eine Flockung gesteigert werden kann. Im Sandfilter wird ein Silex-Sand mit einer Körnung (i.d.R. 0,6 bis 0,8mm) gem. Herstellerangaben verwendet. Die auf dem Filtergehäuse angegebene Sandmenge ist einzuhalten. Liegen keine Angaben vor, ist die Füllhöhe bis direkt unter den oberen Einlaßstutzen anzunehmen.
   Der Sandfilter bietet alle Voraussetzungen für den Gebrauch sämtlicher Chemikalien (Algizide, Flockmittel, Desinfektionsmittel etc.), die unter Umständen zum Einsatz kommen müssen.

Der Filtersand ist turnusmäßig alle 3 bis 5 Jahre zu wechseln, je nach Beanspruchung. Hierbei handelt es sich um einen Erfahrungswert aus dem sonnigen Spanien.

Bei einem Hallenbad kann das allerdings anders aussehen. Letztendlich kommt es darauf an, ob Symptome festgestellt werden, die einen Sandtausch zwingend machen.

Die Reinigung eines Sandfilters ist einfach: Durch regelmäßiges Spülen (bzw. Rückspülen) wird der vom Sand festgehaltene Schmutz über einen Abfluß entsorgt. Nach dem Spülen muß nachgespült werden.

Foto 28: Standardsandfilter mit Pumpe und Multiventil in Technikbox

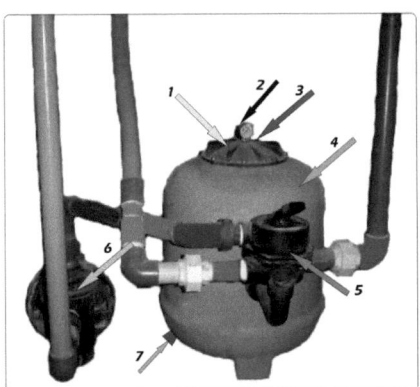

1 *Deckel*
2 **Manometer**
3 **manuelle Entlüftung**
4 *Polyesterkessel, glasfaserverstärkt*
5 *seitlich montiertes, Multiventil*
6 **Pumpe**
7 *Entleerungsstopfen*

Abbildung 4: Filteranlage

Abbildung 4: Sandfilteranlage mit Beschriftung

Wann kann ein Sandwechsel zwingend sein?

Bei folgenden Feststellungen kann ein Sandwechsel Abhilfe schaffen:
- erhöhter Chlorverbrauch, obwohl Isocyanursäurekonzentration korrekt und andere Parameter stimmig
- Beim Saugen kommt es zu Eintrübungen (s.a.Mehrwegventil)
- Das Wasser bleibt trüb, obwohl Flockmittel zugegeben wurde
- Flockmittel (Tablette oder Kissen) verbleibt nicht im Filter, sondern bildet Häufchen auf dem Beckenboden
- Grünalge macht sich bemerkbar

Ein Sandwechsel bei der Störungssuche ist niemals ein Verlust. Neuer Sand bedeutet immer klareres Wasser und weniger Flockmittelverbrauch. Die Hersteller verlangen z.B. den jährlichen Wechsel!

Meiner Erfahrung nach genügt es, den Filtersand alle 3 bis 5 Jahre zu wechseln.

Warum hat sich der Sandfilter ggü. anderen durchgesetzt?

Ich denke, daß liegt zunächst einmal an dem überall auf der Welt vorhandenem Filter-Medium (Sand).

Dieses bedeutet auch, daß es preiswert zu erhalten ist. Der Sand ist zudem langlebig, unproblematisch und einfach zu reinigen (Rückspülung). Ferner ist er kompatibel mit allen Poolchemikalien. Ein Austausch braucht nur alle 1 bis 3 Jahre zu erfolgen. In der Zeit ist er praktisch wartungsfrei.

Das Ziel, kristallklares Wasser, ist mit Sand problemlos zu erreichen.

Es besteht kaum die Gefahr, daß er unkontrolliert blockiert, da er nur bis zu einer relativ hohen Mikronrate filtert. Andere Filter könnten schon einmal bei wöchentlicher Pflege blockieren und dadurch Schäden am Filtergehäuse und Leitungen verursachen, die größere Wasserverluste bedeuteten. Denkbar ist das z.B. bei Baumblüten (Pinien) oder bei Sandregen.

Flockung

Als Flockung bezeichnet man die Beigabe eines Mittels, daß feinste Schmutzpartikel im Wasser bindet (umhüllt), damit größer und filtrierbar macht.

Auf dem Filtermedium bildet sich dann eine Flockenschicht, die ebenfalls undurchlässig für die zu filtrierenden Partikel ist. Mittels Flockmittel kann die Filterleistung so erhöht werden, daß sogar mit dem Sandfilter Kupfer und Eisen aus dem Wasser herausgefiltert werden können.
   Eine Flockung ist unter Berücksichtigung der jeweiligen Begleitumstände durchzuführen, 14 täglich genügt im Normalfall. Ist eine Eintrübung z.B. durch eine o.g. Baumblüte verursacht worden, verbietet sich das Flocken, da der Filter mit an Sicherheit grenzender Wahrscheinlichkeit blockiert ...

Flockmittel

Flockmittel sind flüssig, als Granulat, in Tabletten oder in Kissen erhältlich.
   Ich habe die besten Erfahrungen mit Kissen und Tabletten gemacht. Flüssiges Flockmittel z.B. muß kurz vor dem Skimmer ins Becken gegeben werden, was dazu führen kann, daß es eben nicht gleich angesogen wird, wie erwünscht, sondern im Becken verbleibt und dort unansehnliche Flockenhaufen verursacht.
   Kissen, Granulat und Tabletten werden in den Skimmer gelegt. Ist das Flockmittel allerdings sicher ordnungsgemäß zugegeben worden, und es bilden sich trotzdem unansehnliche Flockenhaufen, ist entweder das Filtermedium verbraucht oder das Mehrwegventil arbeitet fehlerhaft, indem es Teile des Wassers statt über den Filter direkt über den Rücklauf ungefiltert in das Becken zurückschickt.

16. Richtige Kombination von Pumpe/Filter und Laufzeiten

Bedingung

Schwimmbadpumpen müssen dem Volumen des Beckens und dem Filter angepaßt sein.

Zur Auswahl in bezug auf das Beckenvolumen siehe bei »Schwimmbadpumpen«.

Nehmen wir nun an, Sie haben eine Pumpleistung von 14 m^3/h ermittelt, die Sie benötigen.

Welcher Filter ist der richtige?

Filter werden unter Berücksichtigung des Durchmessers (D), die in Relation zur Filterleistung steht, ausgewählt.

Filtergröße	Filterleistung
D 410 mm	6 m^3/h
D 510 mm	10 m^3/h
D 630 mm	15 m^3/h
D 710 mm	20 m^3/h

Bei dem o.g. Beispiel müsste es ein Filter mit D 630mm sein. Je größer eine Pumpenleistung sein muß, desto größer muß ein Filter sein.

Überprüfen Sie beim Wechsel oder Neuinstallation, ob Harmonie hinsichtlich Poolgröße, Pumpenleistung und Filtergröße vorliegen. Sie wären nicht der erste, der eine Diskrepanz feststellte. Unter Umständen können Sie eine kleinere Pumpe einbauen und Anschaffungs- und Betriebskosten reduzieren.

Oder Sie passen der im Verhältnis zum Schwimmbad zu groß geratene Pumpe deren Laufzeit an und sparen auch Energie, indem Sie die Laufleistung reduzieren.

Laufzeiten

Allgemein:
Nachdem Sie nun den richtigen Filter ermittelten, können Sie die Laufzeiten einstellen.

Die Faustformel sagt aus, daß ein Beckeninhalt in 6 bis 8 Stunden am Tag einmal umgewälzt werden können sollte. In der Praxis muß aber auch noch die Wassertemperatur und die Anzahl der Badenden berücksichtigt werden.

Nachdem Sie die richtige Pumpe und den dazu passenden Filter installiert haben, müssen Sie nun die Laufzeit einstellen. Denken Sie auch immer daran, daß der Chlorausgleich i.d.R. über die Strömung geregelt wird (bei Tabs im Floater ...). Kurze Strömungszeit = geringerer Chlorausgleich

Winter

Im Winter hat sich an der Costa Blanca bewährt, die Filtration 2 x 2 Std. am Tag bei einer Wassertemperatur unter 20 Grad Celsius durchzuführen.

Individuell kann diese Umwälzzeit noch verringet werden. Wenn nicht gebadet wird, geht es lediglich darum, das Wasser nicht kippen zu lassen und sonst keine Veralgung zu begünstigen. Individualisten reduzieren die Umwälzung bei Temperaturen unter 18 Grad deshalb schon einmal erfolgreich auf 2 x 30 Minuten/Tag.

Der Temperaturwechsel nach oben sollte aber nicht verpaßt werden, um keine böse Überraschung (grüner Pool) zu erleben. Auch Badebetrieb kann ein Handeln verlangen.

Die Lage und Umwelteinflüsse (Bäume) müssen generell immer berücksichtigt werden.

Ich kenne 130m³-Pools, die auch im Winter 2 x 3 Stunden/Tag umgewälzt werden müssen, um keine Schmieralge aufzuweisen. Diese liegen dann unter Pinien ...

Frühling

Mit steigender Lufttemperatur steigt auch die des Wassers. Ungeheizte Bäder können an der Costa Blanca Anfang April schon 18 Grad haben, wenn Sie gut positioniert wurden.

Die Umwälzung kann noch bei 2 x 2 Stunden /Tag belassen werden.

Steigt die Wassertemperatur auf 20 Grad Celsius muß diese auf 2 x 3 Std./Tag erhöht werden,

um sie bis zu einer Wassertemperatur von 23 Grad Celsius dabei zu belassen.

Sommer

Die höchste Belastungszeit für das Schwimmbad hat begonnen. Ab 23 Grad Celsius und Badebetrieb ab 4 Personen sollte die Umwälzung auf mindestens 2 x 4 Std./Tag eingestellt werden. Die Praxis lehrt aber, daß auch 2 x 3 Std. ausreichend sein können.

Die höchsten Schwimmbadwassertemperaturen, die ich an der Costa Blanca wahrnahm, betrugen 34 Grad. Das Wasser bleibt kristallklar, verändert dabei aber seinen Glanz.

Warmen Wasser fällt es schwerer, Calcium zu lösen., kaltem Wasser leichter. Ein Fehler in der Wartung, und es kippt binnen 2 - 3 Tagen. Penibilität ist dann gefragt.

Alle Parameter müssen stimmen. Die Umwälzung muß nach oben variiert werden, sofern nötig. Das Flocken darf nicht vergessen werden ...

Herbst

Ein guter Herbst ermöglicht das Baden an der C. Blanca in einem ungeheizten Freibad bis in den Oktober hinein. Temperaturen bis 23 Grad C sind möglich. Der Schwimmbadpfleger sehnt dann bereits niedrigere Temperaturen herbei.

Geschafft ist die Saison, wenn das Wasserthermometer unter 20 Grad C fällt.

Die Umwälzung kann wieder auf 2 x 2 Std./Tag zurückgestellt werden.

Zusammenfassung Laufzeiten

Generell gelten folgende Filtrationslaufzeiten:

Laufzeit h/Tag	Temperatur in Celsius
2 x 2	bis 20 Grad
2 x 3	bis 23 Grad
2 x 4	ab 23 Grad

Die Praxiserfahrung lehrt aber, daß durchaus von diesen abgewichen werden kann.

So ist es durchaus möglich, die Filtration auf 1 Stunde (2 x 0,5 Std.) bei Wassertemperaturen unter 18 Grad Celsius (C) zu begrenzen, ohne dadurch Qualitätseinbußen des Wassers hinnehmen zu müssen.

Bis 23 Grad C sind auch 2 x 2 Std./Tag statt 2 x 3 Std. möglich.

Baden aber mehr Leute (z.B. 8) in einem 80 Kubikmeter-Becken, können 2 x 6 Std./Tag die richtige Wahl sein, um Störungen zu vermeiden.

Vorteile der individuellen Laufzeitregulierung:

Hervorzuheben sind die Ersparnis an Energiekosten und Aufwendungen für Desinfektionsmittel. Sparen Sie 2 Kilowattstunden/Tag sind das im Monat 60 kw, d.h. zwischen € 12 und € 18.

Rechnen Sie dieses auf ein Halbjahr hoch, sparen Sie schon zwischen € 70 und € 120.

Außerdem gehen die Kosten für Desinfektionsmittel zurück. Tri-Chlor ist zwar stabilisiert, baut sich aber frei im Becken befindlich deutlich schneller ab als in Tablettenform im Skimmer liegend.

In dem Bereich zwischen 20 und 23 Grad C benötigen Sie dann etwa nur noch die Hälfte des Chlores, daß Sie sonst verbrauchen.

Also: Energie sparen und Umwelt schonen durch individuelle Anpassung der Laufzeit!

17. Das Multiventil (MV)

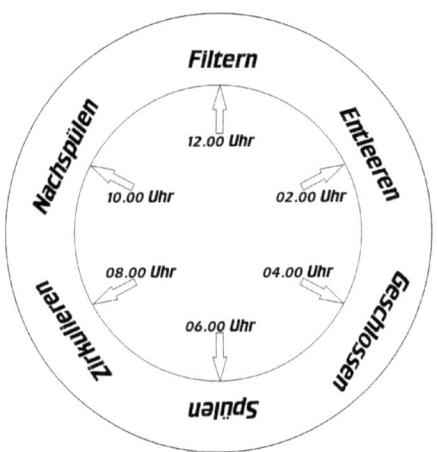

Abbildung 7:
Darstellung der einzelnen Schaltpositionen des MV

Foto 29: Deutlich sichtbar zeigt die Nase des Multiventils im Normalbetrieb zum Filter

Allgemeines

Im Dauerbetrieb steht der Schalthebel am Multiventil auf Filtern (bzw. Filtration), d.h. die Nase des Schalthebels zeigt zum Filter (Pos. 12.00 Uhr). Ein Umschalten am lV darf nur erfolgen, wenn die Pumpe ausgeschaltet ist!

Es ist möglich, daß das MV nur in portugiesisch etc. beschriftet ist.

Deshalb habe ich die Uhrzeiten zu den einzelnen Schaltpositionen angegeben.

Möglich ist auch, daß der Deckel des MV falsch aufgesetzt wurde. In der Praxis traf ich schon auf einen solchen Fall. Entleeren war fälschlicherweise in der Position des Filtrierens.

Der dritte, in der Praxis schon angetroffene Fall wäre ein so verwittertes Schriftbild auf dem Deckel des MV, das diese nicht mehr lesbar ist. Aber auch hier gilt:
12.00 Uhr = Filtration ...

Erläuterung der einzelnen Schaltpositionen

1. Filtern (12.00 Uhr)
Ist die Normalstellung. Die Nase des Hebels zeigt zum Filter.

Das Wasser wird durch den Filter zurück in den Pool geleitet, nachdem es filtriert wurde.

2. Entleeren (02.00 Uhr)
Entleeren ist die Stellung, bei der das Wasser unter Umgehung des Filters über den Ablauf nicht zurück in den Pool, sondern wegfließt (Depot, Kanalisation, Garten ...).

Dabei ist bei tiefer als dem Schwimmbad liegenden MV das Laufen der Pumpe nicht nötig.

Gebräuchlich ist das Absaugen über diese Position, wenn der Pool z.B. mit feinem Sandregen verunreinigt wurde, der vom Filtersand nicht herausgefiltert werden kann, sodaß er über den Rücklauf (Return) zurück in den Pool flösse, wenn über Filtration gesaugt würde.

3. Geschlossen (04.00 Uhr)
Geschlossen wird eingestellt, wenn das System um das MV geöffnet wird. Das kann die Pumpe zur Reinigung des dortigen Filterkorbes sein, oder wenn der Sand gewechselt werden soll.

Je nach Druck können dann noch geringe Wassermengen an der Öffnung austreten.

Diese können aber zumeist toleriert werden. Auf jeden Fall umliegende Ventile auf Verschluß prüfen und ggf. nachstellen.

4. Spülen (06.00 Uhr)
Spülen ist die nötige Position, um den Filtersand zu reinigen, wenn der Druck im Filter zu groß (ab 1,3kg/cm²) geworden ist.

Dieser Vorgang muß solange dauern, bis das Schauglas im Abflußrohr klar ist.

Das Wasser wird dabei entgegen seiner normalen Fließrichtung durch den Filter gedrückt und fließt unter Mitnahme des Schmutzes im Sand ab.

Also handelt es sich eigentlich um ein Rückspülen, und wird allgemein auch als solches bezeichnet.

5. Zirkulieren (08.00 Uhr)
Beim Zirkulieren wird das Wasser ungefiltert in den Pool zurückgeleitet.

Kann nötig sein, wenn der Filter außer Funktion ist, um bis zur Reparatur überbrücken zu können.

6. Nachspülen (10.00 Uhr)
Nachspülen erfolgt im Anschluß an die Rückspülung.

Es muß durchgeführt werden, um verbliebene Verunreinigungen aus dem Rohrsystem zu spülen. Auch hier muß dieser Vorgang solange dauern, bis das Schauglas am MV wieder klar ist.

Störungen des Filtersystems und Multiventils

- Schwacher Rücklauf

  Ursache: Filtersand durch Schmutz zugesetzt. Führen Sie eine Spülung/ Nachspülung durch. Ebenso ist eine Verkalkung des Filtersandes denkbar, wenn das Spülen keinen Erfolg brachte. Öffnen Sie den Filterdeckel und befühlen Sie den Sand. Ist dieser verhärtet, muß er gewechselt werden. Möglich ist aber auch ein Pumpenproblem (s. dort).

- Filter ist in kurzen Intervallen zu

  Die Spülungen werden nicht ausreichend lange ausgeführt. Verlängern Sie die Spül- und die Nachspülzeit.

  Oder: Der Sand ist verbraucht. Es haben sich Klumpen im Sand gebildet oder es liegt eine Verkalkung des Sandes vor. Der Sand muß dann fachmännisch ausgetauscht werden.

- Sandeintritt über die Rücklaufdüsen

  Ursache: Gebrochene/gelöste Leitungen im Filtergehäuse.

  Entfernen des Filtermediums, Suchen der Problemstelle und ggf. Austausch des betreffenden Teiles. Nahezu alle Teile sind einzeln nachzukaufen!

Oder: Es liegt ein »Chanelling« vor. Wasser kann ungefiltert zurück ins Becken fließen, weil sich Kanäle im Filtersand gebildet haben. Der Sand wird dabei mit der Luft mitgerissen. Abhilfe kann ein Spülen/Nachspülen schaffen. Es ist sicherzustellen, daß keine Luft in das Filtersystem eindringen kann.

Ursache für einen Lufteintritt kann z.B. eine defekte Deckeldichtung sein.

- Sandaustritt bei Rückspülung:
  Ursache: Ebenfalls geborstene Leitungen im Filter (Zulaufrohr). U.U. durch zu festes Anziehen bei der Montage entstanden.
  Reparatur: wie oben.

- Trübes Wasser trotz ausreichender Desinfektion
  Ursache: Es wurde länger nicht geflockt oder das Filtermedium ist verbraucht.
  Behebung: Hinzugabe eines Flockmittels um die Filtration zu verbessern.
  Pumpe auf Dauer bis die Trübung beseitigt ist.
  Umwälzungsdauer verlängern.
  Filtermedium wechseln, wenn länger als 1 Jahr in Gebrauch
  Bei ausbleibender Besserung:
  Wechsel des Multiventils, da nun davon ausgegangen werden muß, daß das Wasser teilweise ungefiltert in den Pool zurückgesendet wird. Der Austausch der im MV befindlichen Dichtungsringe, Spiralen etc. hat sich in der Praxis nicht bewährt, es empfiehlt sich wirklich der Totalaustausch.

- Schmutzwolke tritt beim Rückspülen im Pool auf
  Das MV ist verschlissen. Es sendet Wasser statt über den Filter und Ablauf direkt in den Pool zurück. Austauschen wie oben.

- Allgemeiner Wasserverlust
  Der Pool verliert mehr Wasser, als es durch Verdunstung erklärt werden kann.
  Oft ist ein verschlissenes MV der Grund. Öffnen Sie zur Überprüfung das Abflußrohr und stellen Sie die Pumpe an. Sollte nicht sofort Wasser austreten ist das kein Grund zur Entwarnung. Stellen Sie deshalb einen Eimer unter die Öffnung und kontrollieren Sie diesen nach ein paar Tagen/einer Woche.
  Typisch für ein schadhaftes Multiventil ist der gelegentliche Wasserverlust.

18. Der Sandwechsel beim Filter

Ein Sandwechsel sollte alle 3 - 5 Jahre durchgeführt werden. Nötig ist er, weil die Sandkörner wegen des dauernden Wasserdurchflusses rundgeschliffen werden und weniger dazu in der Lage sind, Schmutz festzuhalten. Auch die Verkeimung darf nicht außer Acht gelassen werden.

Bei stärkerer Beanspruchung kann der Sandwechsel auch früher notwendig sein (z.B. nach einem Jahr). Auf jeden Fall werden Sie den Unterschied am Wasser bemerken. Es ist nach dem Sandwechsel deutlich brillanter. Im Endeffekt führt das auch zu einer Ersparnis am Flockmittel.

An Werkzeug benötigen Sie den Ölfilterschlüssel, einen Gartenhandschuh, einen Eimer und einen Maulschlüssel für das Lösen der Deckelverschraubung (i.d.R. ein 13er).

Einen Schlitzschraubendreher können Sie zum Spreizen einsetzen.

Dem vorliegenden Schaubild können Sie den Aufbau eines Sandfilters entnehmen.

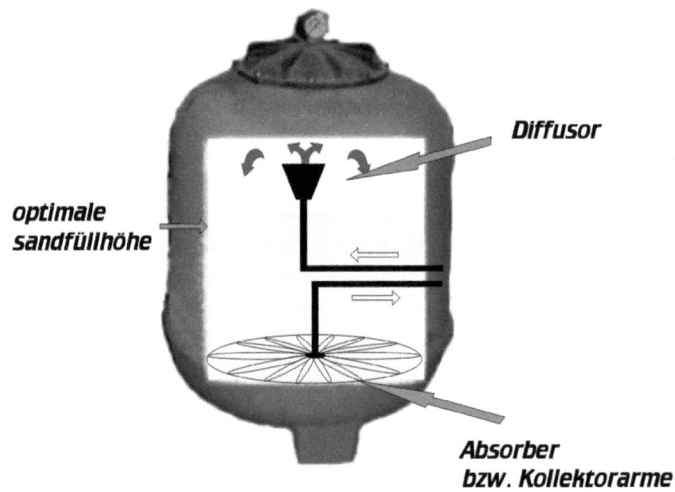

Abbildung 4a: Innenansicht eines Filters

Die ideale Sandfüllhöhe ist bis unmittelbar unter den Eingang des Diffusorstutzens am Polyesterkessel

Der Sandwechsel in den einzelnen Schritten:

1. Zunächst drücken Sie die Sicherung der Poolanlage heraus, um ein Starten der Pumpe während der Arbeit unmöglich zu machen.
2. Im Anschluß werden sämtliche Ventile des Systems geschlossen, um ein Austreten des Wassers nach dem Öffnen des Filters zu vermeiden.
3. Der Deckel des Filters wird geöffnet und mit der Dichtung an die Seite gelegt. Jetzt können wir in das Innere des Filters sehen.

Foto 30: Geöffneter Filter läßt Sand und Diffusor erkennen

Der Diffusor wird abgezogen und beiseite gelegt. Ein dortiger Schlauch wird am Stutzen belassen.

4. Der Ablauf am unteren Teil des Filters wird geöffnet und das Wasser abgelassen. Zur Unterstützung können auch, soweit möglich, Zu- and Ablauf vom Multiventil (MV) gelöst und ein Schraubendreher zum Spreizen dazwischen geschoben werden. Das Wasser läuft dann schneller ab.
5. Ist das Wasser nahezu abgeflossen, wird der Diffusorstutzen unter Zuhilfenahme eines Ölfilterschlüssels nach links gedreht (nachdem die Verschraubung zum MV gelöst wurde), indem er unterstützend mit der freien Hand in dieselbe Richtung bewegt wird.

Foto 31: Erfassung der äußeren Verschraubung des Diffusorstutzens

Foto 32: Nach links gedrehter Diffusorstutzen

Es lohnt sich, danach die Verschraubungen am Filter wieder zu schließen, um eine Verunreinigung der Gewinde mit Sand zu vermeiden.

6. Der Stutzen wird nun abgedeckt (z.B. mittels eines Plastikbeutels). Den Sand entnehmen Sie mit der behandschuhten Hand (ein leichter Gartenhandschuh verhindert Hauteinrisse). Achten Sie bitte darauf, nicht die tieferliegenden Absorberarme zu beschädigen. Entnehmen Sie den Sand vollständig.

Foto 33: Sandentnahme

Foto 34a: Kollektorarme bzw. Absorber

7. Ist der Sand entnommen, schließen Sie die Ablaßschraube am Filter sowie alle anderen, zuvor geöffneten, außenliegen Verschraubungen. Sandanhaftungen spülen Sie bitte zuvor ab.

8. Gießen Sie jetzt einige Liter Wasser in den Filter (bewirkt ein gutes Einschlemmen der Absorberarme). Füllen Sie dann den neuen Sand ein. Die Füllmenge entnehmen Sie bitte dem Etikett des Filters. Genauso wie die Kornstärke. Liegen diese nicht vor, gilt allgemein: Silex-Sand, Sandstärke 0,4 bis 0.8mm Füllhöhe bis dicht unter den oberen Stutzeneingang. Streichen Sie den Sand plan.

9. Nach Ende des Befüllens drehen Sie den Diffusorstutzen wieder in die Ausgangsposition (vertikal) und stecken den Diffusor auf. Spülen Sie die Nut für die Deckeldichtung und alle anderen offenen Verschraubungen sorgfältig mit Wasser, ebenso Deckel und Dichtung. Legen Sie die Dichtung wieder auf und verschließen Sie den Deckel sorgfältig.

10. Bei mehreren Muttern und flach aufliegender Dichtung müssen jeweils die gegenüberliegenden nach und nach angezogen werden, um ein planes

Aufliegen des Deckels zu gewährleisten und Verspannungen zu vermeiden. Ferner sind die Schrauben nicht zu fest anzuziehen, da auch das zu Verspannungen und Leckagen führen kann.

11. Öffnen Sie nun alle Ventile und führen eine Spülung durch. Ist das Wasser im Glas am Multiventil klar, lassen Sie das Nachspülen folgen. Festgestellte Undichtigkeiten sind durch Nachziehen zu beseitigen.

Foto 35a: Deutlich eingetrübtes Spülwasser des frischen Sandes

Tip: Bekommen Sie den Filterdeckel nicht mehr dicht, ist entweder der Deckel verzogen oder die Dichtung verbraucht. Mit dem günstigeren beginnend drehen Sie den Dichtring, der auf einer Seite stark abgeflacht sein dürfte, mit der Rundung nach oben (Sie wenden ihn). Hilft das nicht, müssen Sie leider losfahren und eine neue Dichtung kaufen. Nützt diese auch nichts, muß es bei fachmännischem Anbringen des Deckels dieser selbst sein, der gewechselt werden muß, um hier zu einem guten Ergebnis zu kommen. Dieser kann sich über die Jahre nämlich auch deformiert haben.

Zum Abschluß stellen Sie das MV wieder auf Filtration und gehen zum Normalbetrieb über.

19. Die Elektrik

Arbeiten an dieser sollten nur vom Fachmann ausgeführt werden, da sonst unter Umständen Lebensgefahr bestehen kann und versicherungstechnisch Probleme entstehen können.

Foto 36: Schaltkasten mit Zeitschaltuhr (Timer)

Die obige Abbildung (36) zeigt einen Schaltkasten von außen. Auf der Vorderseite links ist ein schwarzer Schalter zu sehen. Mit diesem können Sie die Pumpe auf Automatik(II), Manuell(I) oder Aus (0) stellen.

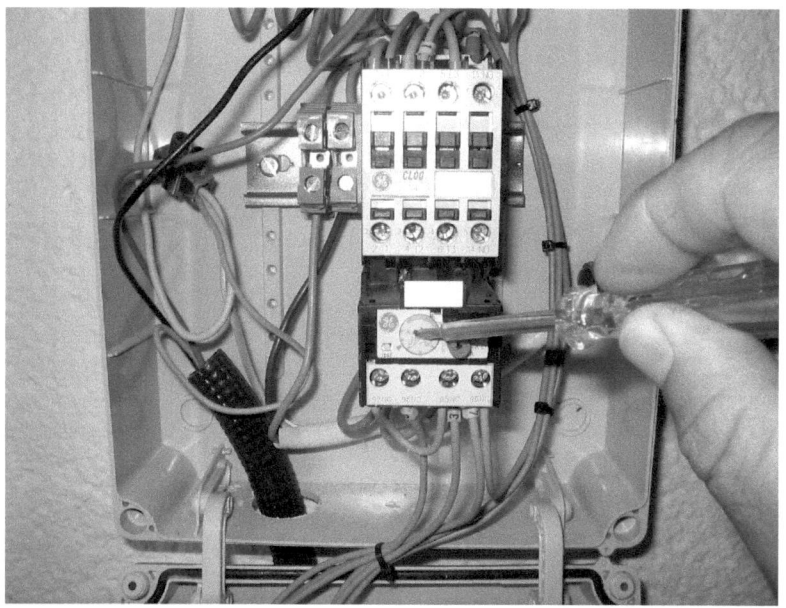

Foto 37: Korrektur der Absicherung

Gebräuchlich und empfehlenswert sind die neuen Kästen von Abbildung 36. Sie entsprechen dem neuesten Stand der Technik. Ein Wechsel der dortigen Elemente ist wegen sofortiger Verfügbarkeit einfach, es müssen auch nur einzelne ausgetauscht werden.

Bei offeneren Anlagen liegt eine Tendenz zur Verstaubung vor.

Mögliche Störungen

Pumpe schaltet dauernd unmotiviert ab, Relaisschalter springt heraus.

Ist die Absicherung hoch genug? Im E-Kasten können Sie diese am Relais justieren. Die für die Pumpe benötigte Absicherung ist auf dem Typenschild am Gehäuse ablesbar (z.B. 5,5 Ampere).

Drücken Sie den Schalter am Relais hinein. Läuft die Pumpe dann, stellen Sie die Absicherung höher. Kommt es dennoch zu Störungen, muß unter Umständen das Relais ausgetauscht werden

Die Sicherung springt dauernd heraus

Überprüfen Sie die vorhandenen Kontakte (Relais, Pumpe ...) auf Festigkeit. Sicherung schadhaft? FI-Schalter defekt? Kabel an Pumpe vielleicht geschmort? Sollten die Kontakte alle fest und sauber sein, ist meist der FI-

Schalter die Ursache. Ein Elektriker kann dieses prüfen. Unterbleibt die Störung dann, ist die Ursache entdeckt.

Der Fehlerstromschutzschalter

Auch kurz FI-Schalter oder RCD (residual current device) genannt.

Für den Betrieb von Schwimmbadpumpen ist die Verwendung eines FI-Schalters vorgeschrieben.

Der FI-Schalter vergleicht die in den Leitungen fließenden Ströme. Ist die Summe der zufließenden Ströme nicht mehr die Summe der abfließenden, wird der Stromkreis sofort abgeschaltet. Pumpenhersteller bestehen im allgemeinen auf eine Empfindlichkeit des FI-Schalters von

$$30mA \text{ (Milliampere)}$$

Dieses ist die Grenze, ab der es lebensgefährlich wird. Fließt ein Strom, der stärker als 30mA ist, über das Herz, kann Herzkammerflimmern entstehen, daß die Pumpfunktion des Herzens aufhebt. Dadurch wird die Sauerstoffversorgung des Gehirns unterbrochen, was nach 3-5 Minuten zu irreparablen Hirnschäden und Tod führen kann.

Also: Kein Betreiben einer Anlage ohne FI-Schalter!

20. Einfaches Schwimmbadklempnern

Gängige Materialen der Zeit sind PVC-Rohre (flexibel oder starr), Teflonband, PVC-Kleber und Reiniger. Zum Glätten der Sägestellen nehmen Sie feines Sandpapier oder eine Metallfeile, zum Zerteilen eine Metallsäge oder einen Rohrschneider. Grundsätzlich ist zu beachten, daß die Rohre immer eingesteckt werden, also entsprechend länger abgeschnitten werden müssen. Sind Arbeiten an Rohren nötig, die verstopft werden müssen, um einen Wasserdurchfluß zu unterbinden, empfiehlt sich der sogenannte Überwinterungsstopfen.

Foto 34: PVC-Rohre, Verbinder, Oelfilterschlüssel,
Säge und Überwinterungsstopfen etc.

Foto 35: Überwinterungsstopfen

Flexrohre sollten Sie niemals beim Einkleben drehen. Durch deren Flexibilität deformieren sie und lassen sich nicht vollständig einführen, was dazu führt, daß die Länge des eingepaßten Stücks zu groß ausfällt. Die Einstecktiefen bei den einzelnen Verbindern liegen bei etwa 3cm. Kleber muß immer um den gesamten Rohrumfang aufgetragen werden, und das nicht zu dünn. Bei kaltem Wetter dauert das Aushärten des Klebers länger, er ist auch weniger flexibel. Geklebte Verbindungen müssen 24 Stunden ruhen, bevor sie wieder in Betrieb genommen werden. Profis legen sich einen Satz aller üblichen Verbindungen etc. zu und nehmen diese zu entsprechenden Arbeiten mit, um unnötige Zeitverschwendung durch fehlende Teile zu vermeiden.

Außerdem werden einfache Ventile, Rückhalteventile, Mehrwegventile etc. verwendet.
 Tauschen Sie derartiges aus, empfiehlt sich die Mitnahme eines Musters zum Zulieferer, um wirklich das gleiche Ersatzteil zu bekommen.

Teflonband muß an Verschraubungen verwendet werden, die über keine Gummidichtung verfügen.

Es wird im Uhrzeigersinn (rechts herum) um das Gewinde gewickelt, welches dann eingeschraubt wird.

Wichtig ist es, genügend Teflonband zu verwenden, um Leckagen zu vermeiden. Außerdem darf die Verbindung nicht zurückgedreht werden, da es dann nicht mehr dicht ist.

Nehmen Sie niemals Hanf zum Verbinden von PVC-Rohren und PVC-Verbindungen.

Unter Umständen kann die weibliche Seite gesprengt werden (wie z.B. an einem MV gesehen).

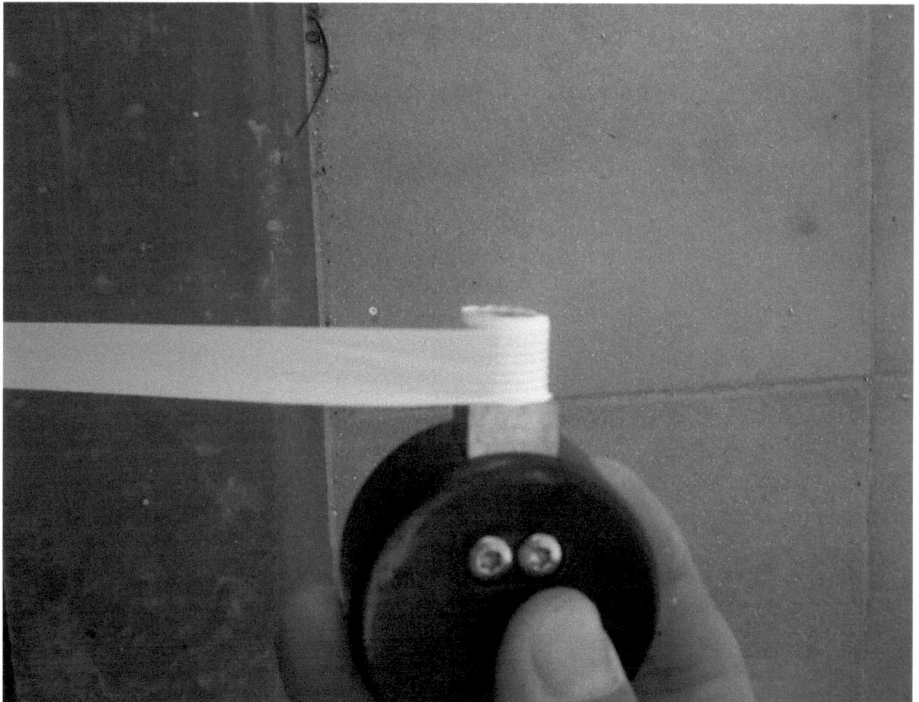

Foto 35b: Richtiges Aufwickeln von Teflonband

Tip: Es kommt immer wieder vor, daß Ventile nicht vollständig schließen und Wasser an die zu klebende Stelle gelangt. Ist das Absperren mit einem Stopfen unmöglich, hilft das Öffnen einer tieferliegenden Verschraubung. Das Wasser kann dann nicht mehr aufsteigen und fließt an dieser Öffnung ab.

Beispiel Pumpenwechsel

Allgemein

Die neu einzusetzende Pumpe paßt nicht zu den vorhandenen Verbindungen.

Deshalb müssen die alten abgesägt und neue eingeklebt werden.

Um voranzukommen passen Sie zunächst den Ansaugstutzen der Pumpe ein. Dazu sägen Sie die vorhandene Verbindung ab. Entgraten Sie die Sägestelle mit Sandpapier, reinigen die Enden mit PVC-Reiniger, tragen ausreichend um das Rohr und die Verbindung PVC-Kleber auf und drücken die Teile zusammen. Vergessen Sie nicht, etwaige Muttern vorher aufzustecken, da diese sonst nicht mehr über den Flansch geschoben werden könnten (peinlich, aber vielen schon passiert). Unter Umständen kann es nötig sein, die Zuleitung noch zu verlängern, d.h. Sie kleben dann ein Stück 50er-Rohr ein und auf dieses den Pumpenanschluß. Es empfiehlt sich dabei ein starres Rohr, um mehr Stabilität zu haben.

Niveauanpassung der neuen Pumpe

Da die neue Pumpe auch eine andere Höhe als die vorherige hat, muß ihr Niveau angepaßt werden.

Dazu haben Sie geeignete Fliesen als Sockel und Zement mitgebracht. Per Augenmaß schätzen Sie die nötige Anzahl Fliesen (meist genügt eine), tragen unter dieser den Zement klecksweise auf, stellen die Pumpe darauf und drücken Sie solange herunter, bis sie das exakte Niveau der Ansaugleitung hat. Dieses ist wichtig, da die Verbindung meist eine Gummidichtung hat, die plan aufliegen muß. Die Verbindung kann dann unter Verwendung des Dichtgummies geschlossen werden, nachdem der Kleber angezogen hat.

Herstellung der Verbindung Pumpe - Multiventil

Entweder müssen Sie eine komplett neue Verbindung schaffen, oder Sie können vorhandene Teile am MV stehen lassen. Sägen Sie ein entsprechendes Teil aus und ersetzen Sie es durch ein neues.

Passen Sie dann ein entsprechendes Rohrstück zur Pumpe hin ein. Hier empfiehlt sich ein Test vor dem Zusammenkleben, ob die Verbindung ebenfalls plan aufliegt. Ist dem so, können Sie die Teile zusammenkleben und später die Verbindung w.o. schließen. Nehmen Sie die Pumpe nicht vor Ablauf von 24 Stunden wieder in Betrieb. Der Kleber braucht solange, bis er ausreichend ausgehärtet ist, um dem Druck standzuhalten.

Wechsel des Multiventils

Ist das Multiventil als Verursacher von Störungen ausgemacht und muß es gewechselt werden, empfiehlt es sich, es zunächst auszubauen und als Muster vorzulegen. Die größte Schwierigkeit könnte darin liegen, ein Pendant zu finden, wenn das defekte schon 20 Jahre alt ist. Gelingt das nicht, geht es nur noch darum, eines zu finden, daß zur Verrohrung zwischen Filter und Pumpe paßt.

Es hat sich nicht in der Praxis bewährt, einzelne Dichtungen auszutauschen, da oft auch das Gehäuse und Deckel abgenutzt sind.

Tip: Sparen Sie sich langes Herumfahren und Experimentieren und kaufen Sie ein neues Multiventil!

Erneuern der Skimmerklappe

Die Skimmerklappe hat die Funktion, den Skimmersog auf die Wasseroberfläche zu maximieren und in den Skimmer gesaugte Partikel davon abzuhalten, in das Becken zurückzuschwimmen. Ohne Skimmerklappe ist kein effektives Absaugen von Fettfilmen oder Insekten von der Wasseroberfläche denkbar.

Leider wird diese immer wieder von Spielenden abgebrochen. Ist sie über einen federnden Stift eingehängt, ist die Reparatur kein Problem: Ein neu gekaufter Stift wird in die Führungen an der Klappe gesteckt, um danach in die Öffnungen des Skimmergehäuses gesteckt zu werden.

Anders bei Klappen, die auf einem Träger aufgebracht sind. Sind diese herausgebrochen, muß der schadhafte Träger mittels eines Stechbeitels oder ähnlichem gelöst und ein neuer Träger mit neuer Klappe eingeklebt werden. Bewährt zum Kleben hat sich Silikon. Alternativ kann aber auch ein Plastikkleber verwendet werden.

Der Bypass

Stellen Sie ein Leck in einer Leitung fest, ohne dieses unter großem Arbeitsaufwand beheben zu können, bietet sich der Bypass an. Sie schneiden das Rohr an einer leicht zugänglichen Stelle ab, kleben ein Flexrohr ein und umgehen die Leckage, indem Sie das Flexrohr an einer Stelle hinter dem Leck wieder einkleben. Eine Möglichkeit, die sich auch bei Verstopfungen anbietet.

21. Professioneller Ablauf einer Schwimmbadpflege

3 Säulen

Die Schwimmbadpflege ruht auf insgesamt 3 Säulen:

1. der Technik
2. der Chemie und
3. der Manpower

Die Technik
Die Technik muß in einem einwandfreiem Zustand sein. Machen Sie keine Kompromisse. Ist ein Teil verschlissen, muß es ausgewechselt werden. Kaufen Sie Teile mit Qualität. Das ein solches teurer als ein Produkt des grauen Marktes ist, macht sich sicher durch längere Laufleistung bezahlt.
 Nutzen Sie die Technik optimal. Hinweise dazu finden Sie in diesem Buch.

Die Chemie
Fachwissen in bezug auf den Einsatz der Chemie ist unerläßlich. Aber auch die zu kaufende Chemie kann deutliche Qualitätsunterschiede aufweisen. Testen Sie ruhig mehrere Produkte, bevor Sie sich für eines entscheiden. Das gilt für Flockmittel, Desinfektionsmittel, Algizide usw. Chemikalien müssen auch zum richtigen Zeitpunkt eingesetzt werden. Flockmittel z.B. sollten turnusmäßig eingebracht werden, bevor es zu Eintrübungen kommt.

Die Manpower
Die Manpower ist die dritte Säule. Sie bringen die Abläufe in die richtige Reihenfolge. Sie erkennen, was nötig ist, um Ihren Pool in einem blauen, kristallklaren Zustand zu halten. Wie müssen Technik und Chemie zusammenspielen, um ein gutes Ergebnis zu erzielen? Trotz fortschreitender Automation müßte auch der Automat bedient und kontrolliert werden, die Parameter bestimmt und die fachmännische Reinigung durchgeführt werden.

Zur Durchführung einer effizienten Poolpflege benötigen Sie folgendes Equipment:

- 1 Teleskopstange
- 1 Sauger
- 1 Schlauch zum Saugen
(2m länger als max. Gesamtstrecke)
- 1 Kescher mit Beutel
- 1 Kunststoffbürste
- 1 Frühstücksbeutel
- 1 Schwamm
- 1 Adapter grau

- 1 Stahlbürste
- 1 Testkit zum Messen der Parameter
- 1 Phasenprüfer
- 1 Ölfilterschlüssel
- 1 Tasche für die Kleinteile
- 1 Sandkastenschaufel
- 1 Tennisball
- 1 Knieunterlage
- 1 Überwinterungsstopfen

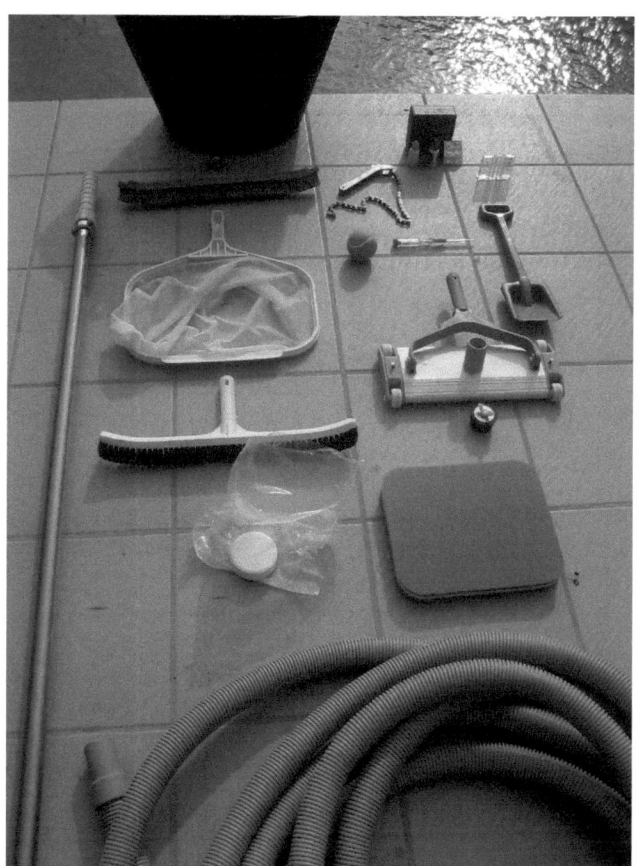

Foto 38: Equipment auf einen Blick

Foto 39: Equipment zusammengepackt

Ich denke, daß die meisten Gegenstände keiner Erläuterung bedürfen.
Erfassen Sie Chlortabletten mit dem Frühstücksbeutel, um den Hautkontakt mit Chlor zu vermeiden.

Mit dem **Phasenprüfer** können Sie bei fehlender Elektrizität prüfen, ab wo der Strom fehlt.
Es spart viel Zeit und Telefonate, wenn Sie selber festellen können, daß im Poolhaus kein Strom ankommt, oder lediglich bei der Pumpe nicht. Störungsbeseitigung siehe dort.

Der **Ölfilterschlüssel** ist zu gebrauchen, wenn einmal eine Leckage auftreten sollte, um eine Verbindung zu lösen oder nachzuziehen ...

Zur **Knieunterlage** möchte ich noch anmerken, daß es sich bei der gezeigten um eine Schwimmhilfe aus dem Sportgeschäft handelt. Auch bei dieser zahlt sich Qualität aus. Gegenüber sonst empfohlenen Knieschonern hat diese den Vorteil, nicht umgeschnallt werden zu müssen und keine Belastung bei Hitze darzustellen.

Ein **Tennisball** hilft, wenn der Pool mehr als einen Skimmer hat. Über den einen saugen Sie, den anderen schließen Sie mit dem Ball (klappt hervorragend!).

Saugen Sie über einen gesondert vorhandenen Anschluß, benötigen Sie den grauen Adapter.

Mit der **Sandkastenschaufel** können Sie Chlorgranulat ausbringen. Sie eignet sich auch besonders für das exakte platzieren des Granulats an Kanten.

Der **Überwinterungsstopfen** ist immer eine Hilfe, wenn überraschend ein Rohr verschlossen werden muß (z.B. bei einem Bruch des Ventils der Skimmerleitung o.ä.).

Der **Schlauch** sollte mindestens 2 Meter länger sein, als die Gesamtlänge des Beckens.
Beispiel: Für ein 10 m – Becken genügt ein Schlauch mit einer Länge von 12 m.

Tip zur Wahl des Saugers:	Es wird immer wieder versucht, möglichst breite (und teure) Sauger an den Mann zu bringen. Dieser sollte aber nicht zu groß ausfallen, da sonst dessen Effektivität deutlich nachläßt. Grund: Die Saugleistung der Pumpe vergrößert sich nicht proportional, sondern bleibt gleich. Bei einem breiteren Sauger läßt die Saugleistung zu den Enden hin nach. Um dennoch ein gutes Saugergebnis zu erzielen, muß stärker überlappt werden. Eine Zeitersparnis kann so aber nicht erreicht werden. Eine gute Saugerbreite bewegt sich um 35cm.

Ablauf

Allgemein:
Zu allererst begeben Sie sich mit dem Reinigungsequipment zu der Stelle, an der der Sauger angeschlossen werden soll. Das kann der Skimmer oder ein spezieller Anschluß an der Seite des Schwimmbades sein.

Foto 40: Saugeranschluß Seite

Ideal ist es, die Ausrüstungsgegenstände in einem Behälter (Eimer o.ä.) zu tragen.
  Das spart Wege und Zeit!

Überprüfen Sie den Wasserstand und beginnen Sie ggf. mit dem Nachfüllen von Wasser, indem Sie z.B. einen Gartenschlauch so auf die Krone legen, daß dieses plätschernd in den Pool läuft.

Bürsten Sie zunächst den Rand und dabei eine evtl. vorhandene Treppe oder Leiter.
  Treppen sind am besten mit der Bürste zu reinigen, da die Winkel kaum mit dem Sauger zu erfassen sind.

Keschern Sie nun am Rand entlang die gelösten Partikel (Blätter etc.) und die restliche Oberfläche. Sie vermeiden so das Absinken der gelösten Teile.
  Entnehmen Sie nun das Sieb im Skimmer und entleeren Sie es.

Verbinden Sie die Teleskopstange mit dem Sauger und werfen Sie den Schlauch in das Wasser, ohne zu vergessen ein Ende festzuhalten.

Stecken sie dieses Schlauchende auf den Sauger, erfassen Sie es mit der linken Hand, die Teleskopstange mit der rechten und senken Sie den Sauger samt Schlauch auf den Beckenboden ab.

Dabei lassen Sie den Schlauch durch die linke Hand laufen und die Teleskopstange durch die rechte gleiten. Dieser Flutungsvorgang des Schlauches muß sorgfältig erfolgen, um unnötigen Lufteintritt in das System zu verhindern.

Schließen Sie das offene Ende im Anschluß an den Skimmer an, indem Sie ihn durch die Skimmerklappe führen und in das Saugrohr stecken. Sollte der Schlauch nicht passen, benötigen Sie einen Adapter (Scheibe mit Loch oder Steckaufsatz mit Verjüngung). Anschluß an speziellen Saugeranschluß: Mit Adapter grau! Dabei muß die Pumpe laufen und die Saugleitung geöffnet sein, da der Adapter sonst herausschwimmt.

Nach erfolgtem Anschluß des Saugers begeben Sie sich in den Technikraum, in dem sich Poolpumpe, Filter und Schaltkasten befinden.

Stellen Sie den Betriebsschalter von Automatik (II) auf Manual (I).

Gesaugt wird immer im Manual-Modus, um eine Unterbrechung des Vorgangs zu vermeiden, wenn die eingestellte Automatikzeit ausliefe. Das Multiventil (MV) steht auf -Filtration- (12.00 Uhr).

Um nun den größtmöglichen Sog auf den Skimmer zu lenken, muß der Bodenanschluß geschlossen werden. Beim Absaugen über den Seitenanschluß wird dieser dagegen geöffnet und Boden und Skimmer geschlossen. Der Rücklauf bleibt immer offen!

Was aber, wenn kein Rohr beschriftet ist und Sie das erste Mal im Poolraum stehen? Wie bekommen Sie jetzt heraus, welches Rohr zu welchem Anschluß gehört?

Rohrbestimmung

Das entsprechende Rohr zum entsprechenden Anschluß finden Sie per Ausschlußmethode:

- Der Rücklauf ist immer das Rohr, daß vom Multiventil weg zum Pool führt und über kein Schauglas verfügt.

  Das Rohr mit dem Schauglas ist der Ablauf. Sollte kein Schauglas vorliegen, folgen Sie den Rohren vom MV bis zum entsprechenden Ventil und schließen Sie dieses ein wenig. Der Druckmesser auf dem Filter zeigt dann

einen steigenden Druck an, wenn Sie den Rücklauf gefunden haben. Beim Ablauf bliebe er neutral. Liegt kein Druckmesser vor, prüfen Sie an den Rücklaufdüsen, ob deren Wasseraustritt nachgelassen hat.
- Das Rohr zum Skimmer ist meist das oberste von denen, die in die Pumpe (Ansaugseite) hineinführen. Um sicherzugehen, schließen Sie das vermutete langsam und prüfen am Skimmer, ob Sog anliegt. Wenn nein, haben Sie das Skimmerrohr gefunden.
- Den Saugeranschluß finden Sie ebenfalls, wenn Sie vermutete Rohre öffnen oder schließen. In dem Moment, wenn Sie eine Veränderung am Sog des Anschlusses feststellen, hatten Sie Erfolg.
- Der Bodenanschluß ist häufig das unterste Rohr. Wenn Sie den Skimmer und den Saugeranschluß gefunden haben, bleibt nur noch dieses übrig.

Nach erfolgter Bestimmung aller Rohre beschriften Sie diese natürlich, um beim nächsten Mal nicht wieder suchen zu müssen.

Das Absaugen

Für die Technik des Saugens ist die Beckenbeschaffenheit ausschlaggebend. Bilden Beckenboden und Wände einen rechten Winkel, wird zunächst an den Kanten entlang einmal um das Becken herumgefahren. Anschließend wird in der Ecke beginnend zur Mitte des Beckens (s. Bodenanschluß) leicht über diese hinausgehend bis zum anderen Ende des Pools gesaugt. Die Seite wird dann gewechselt, sodaß Sie sich zum Ausgangspunkt zurückbewegen. Beim Saugen ist darauf zu achten, daß immer überlappend gesaugt wird, um Streifenbildungen zu vermeiden.

Auch die richtige Geschwindigkeit ist entscheidend. Sie dürfen den Sauger nicht so schnell fahren, daß sich Wolken bilden (s.a. Praxis-Tips). Bilden Beckenboden und Wände eine Rundung, muß diese mitgesaugt werden. Ein Herumfahren um das Becken entfällt. Sie beginnen in der dem Skimmer am nächsten Ecke und saugen die Rundung bis zum höchsten Punkt, und das Bahn für Bahn um das Becken herum. Ist das Saugen beendet, belassen Sie den Sauger am Endpunkt und begeben sich wieder in den Technikraum. Dort angekommen, stellen Sie den Betriebsschalter auf »Null«.

Reinigen des Pumpenkorbes

Schließen Sie sämtliche wasserführenden Rohre (Skimmer, Bodenanschluß, Rücklauf und ggf. den Saugeranschluß) und stellen Sie das Multiventil auf -geschlossen- (04.00 Uhr).

Öffnen Sie nun den Deckel des Pumpengehäuses und entfernen Sie das dort befindliche Sieb, um es zu reinigen.

Ist das Sieb gerissen, müssen Sie es mit Draht flicken oder austauschen, um ein Verstopfen des Laufrades mit Pflanzenteilen zu verhindern.

> **Tip:** Bevor Sie es wieder einsetzen, überprüfen Sie mit dem Daumen im Zugang (Diffusor) zum Laufrad, ob sich dort Pflanzenteile o.ä. abgelagert haben. Wenn ja, diese entfernen.
> Es bietet sich auch an, den Bereich Laufrad/Diffusor zu spülen, indem Sie den Rücklauf öffnen und das Multiventil auf -Zirkulieren- stellen. Das Wasser fließt dann vom Pool über das MV in die Pumpe und drückt etwaig vorhandene Partikel (Nadeln, Blätter etc.) aus der Pumpe heraus. Beendet ist der Vorgang, wenn das auslaufende Wasser wieder klar ist.

Nach Einsetzen des Siebes schließen Sie den Deckel wieder sorgfältig. Dichtungen müssen ordentlich in der Nut und sauber sein. Schon ein Nadelrest kann eine Undichtigkeit bewirken. Achten Sie ferner darauf, die Verschraubungen nicht zu fest zu schließen.
Es besteht die Gefahr des Überdrehens. Darum gilt: Handfest.

Öffnen Sie nun wieder die für den Normalbetrieb nötigen Ventile (Skimmer, Bodenablauf und Rücklauf) und stellen Sie das Multiventil wieder auf -Filtration- (12.00 Uhr).

Schalten Sie die Pumpe wieder ein.

- Sie können nun sehen, ob der Filterdruck noch im akzeptablen Bereich ist (Grün) und ob die Pumpe ordnungsgemäß geschlossen wurde und nicht leckt. Eine Leckage müssen Sie beheben. Leckt der Deckel auch nach ordnungsgemäßer Einlegung der Dichtung, kann das Umdrehen dieser Abhilfe schaffen. Ist der Filterdruck zu hoch, (1 kg/cm^2 oder sogar im roten Bereich) muß eine Rückspülung durchgeführt werden.
- Durch ein regelmäßiges Rückspülen und anschließendem Nachspülen (s. »Das Multiventil«) stellen Sie zudem den nötigen Wasseraustausch sicher (s. Isocyanursäure).

Rückspülen

Stellen Sie den Betriebsschalter der Pumpe auf -Null-. Bewegen Sie den Hebel am Multiventil auf -Spülen- (06.00 Uhr). Schalten Sie die Pumpe wieder an und beobachten Sie im Schauglas am MV den Austritt des Schmutzwassers. Spülen Sie solange, bis das Wasser im Schauglas klar ist.

Schalten Sie dann die Pumpe wieder aus und stellen Sie den Schalter am MV auf Nachspülen. Egal weshalb Sie rückspülen, eine Nachspülung muß immer erfolgen.

Nachspülen

Das Nachspülen ist nach dem Rückspülen unerläßlich, da sonst Schmutz über den Rücklauf in den Pool gelangen könnte. Stellen Sie den Hebel am MV dazu auf -Nachspülen- (10.00 Uhr) und schalten Sie die Pumpe wieder ein. Beobachten Sie das Schauglas und spülen Sie solange, bis dieses wieder klar ist., nachdem es kurz eingetrübt wurde. Ist das abfließende Wasser wieder kristallklar (wichtig!), stellen Sie die Pumpe aus und das Multiventil zurück auf -Filtern- (12.00 Uhr).

Tip: Spülen Sie nicht zu oft. Die Filtrationsleistung eines Filters verbessert sich, wenn er nicht wöchentlich gespült wird, bis zu einem gewissen Punkt. Erst mit dem Erreichen der schon genannten 1,3kg Druck pro Quadratcentimeter ist ein Spülen zwingend erforderlich. Der Grund für die Verbesserung der Filtration liegt darin, daß der Filtersand sich teilweise mit herausgefilterten Partikeln zusetzt. Speziell nach dem Einsatz von Kupfersulfat sollte 10 bis 14 Tage lang nicht gespült werden, um dessen Wirkung voll zur Entfaltung kommen zu lassen. Das gleiche gilt für Flockmittel. Beide werden sonst sofort wieder herausgespült und verlieren einen Teil ihrer Wirkung.

Zur Rückkehr in den Normalbetrieb wird der Betriebsschalter für die Pumpe wieder auf -Automatik- (Pos. II) gestellt.

Die Arbeiten im Technikraum sind nun abgeschlossen. Bevor Sie diesen verlassen werfen Sie
  noch einmal einen Blick über die Schulter und prüfen:

- Skimmer, Rücklauf und Bodenablauf offen?
- Separater Sauganschluß geschlossen?
- Multiventil auf -Filtern-? (Nase zeigt zum Filter)
- Betriebsschalter der Pumpe auf Automatik?

Abschluß

Wieder am Pool angekommen kann nun der Schlauch vom Anschluß getrennt, der Sauger aus dem Wasser geholt und zusammengepackt werden.

Wichtig: Vor Herausnahme des Saugers den Schlauch vom Poolsystem trennen, da sonst bei laufender Pumpe störende Luft in das Rohrsystem gesaugt wird.
Der entleerte Skimmerkorb wird wieder in den Skimmer gelegt.

Parameter prüfen

Parameter messen Sie am Ende der Reinigung. Bei der Anwendung des kolorimetrischen Verfahrens ist aber noch zu beachten, daß Sie die Meßküvette gegen einen weißen Hintergrund ablesen. auf keinen Fall mit dem Poolwasser dahinter. Prüfen Sie einfach einmal selbst den Unterschied. Manche Testkits beinhalten deshalb eine weiße Karte im Lieferumfang. Ansonsten können Sie sich vielleicht eine eigene zulegen. Legen Sie, soweit erforderlich, das Desinfektionsmittel nach und bessern Sie andere Parameter mit den entsprechenden Chemikalien nach.

Eine Reinigung wäre nun beendet. Bevor Sie den Pool verlassen, prüfen Sie mit einem Blick, ob das Wasser abgestellt wurde (Sie ließen es plätschern), der Rand sauber ist und alle mitgebrachten Gegenstände eingepackt sind.

Praxis-Tips und Störungsbeseitigung

Subjektiver und objektiver Chlorwert

In der Praxis müssen Sie zwischen subjektivem und objektivem Chlorwert unterscheiden.
Der subjektive Wert wird von der äußeren Wahrnehmung bestimmt, der objektive durch eine Messung und Erfahrung.

Subjektiv ist nur genug Chlor im Wasser, wenn eine Tablette im Skimmer oder Floater liegt. Aus Furcht vor einer Unterchlorung wird sofort nach dem Auflösen dieser eine neue zugegeben. Allerdings wird damit das Gegenteil des allgemein Erwünschten, ein niedriger Chlorwert, erreicht, denn dieses kann bzw. führt sicher zu einer Überchlorung mit Chlorwerten um 6 ppm.
Anders herum kann subjektiv der Eindruck entstehen, daß der Chlorwert zu hoch sein muß, weil der Schwimmbadpfleger immer eine Chlortablette bei seinen Besuchen zugibt. Diese wird dann vom Kunden herausgenommen, was zu einer Unterchlorung führen kann. Der Pfleger wiederum fragt

sich, wo das viele Chlor bleibt, daß er zugibt. Profis gehen dann schon einmal zur Chlorung mit Granulat über, um dessen Abbau zu beobachten und die richtigen Schlüsse daraus zu ziehen.

Objektiv können Sie den Chlorgehalt des Wassers nur mit einer Messung bestimmen.

Aufgrund Ihrer Erfahrung können Sie dann anhand des gemessenen Wertes abschätzen, ob die Zugabe einer Tablette nötig ist oder nicht.

Ich persönlich gebe schon einmal keine Tablette zu, ohne das es dadurch zu einer Unterbrechung der Chlorung kommt, wenn der Chlorwert ausreichend hoch ist. Dieses ist möglich, weil Sie im Freibad sicher stablisiertes Chlor verwenden, welches durch die Stabilisierung über eine Depot-Kapazität verfügt.

Luft im System

Ist der Skimmer trocken gefallen und daurch Luft angesaugt worden, die im Filter gurgelt und bei Abschalten der Pumpe das Skimmersieb nach oben schießt, muß diese mittels einer Rückspülung herausgedrückt werden, bevor weitergearbeitet wird. Widersprochen werden muß der weitverbreiteten Meinung, ein trockener oder ein durch Laub verstopfter Skimmer bedingt eine Beschädigung an der Pumpe. Schwimmbadpumpen sind dafür konzipiert, unter Last Wasser zu saugen. Ist die Pumpe ordnungsgemäß unter dem Wasserspiegel installiert, wird sie sich immer nach jedem Start und kurzem Luftansaugen über den Bodenablauf ihr Wasser holen. Sind regelmäßig Luftblasen im Rücklauf zu beobachten, kann ein Leck in der Ansaugleitung vorliegen. Die Suche nach diesem beginnen Sie am besten im Technikraum an der Pumpe.

Wasser nachfüllen

Manuelles Nachfüllen birgt das Risiko, daß Abstellen zu vergessen. Ein zusätzlicher Trick zur Vermeidung dessen wäre es, den Kfz.-Schlüssel auf den Wasserhahn zu legen, um sicher zu sein, den noch einmal zu frequentieren. Oder Sie installieren einen Timer!

Qualität ist bei diesen alles. Billigprodukte (No-Name) bleiben schon einmal hängen, und der Pool läuft über. Also lieber ein paar Euro mehr investieren ...

Bei hohen Verdunstungsraten empfiehlt es sich auch, den Gartenschlauch tropfen zu lassen.

Wasserhöhe

Rangieren Sie mit dem Wasser immer im oberen Drittel des Skimmers. Ansonsten kann Ihnen Wasser für eine notwendige Rückspülung fehlen.

Wasseraustausch

Das Schwimmbadwasser muß regelmäßig erneuert werden. Die Empfehlungen reichen von einmal jährlich komplett bis zu mindestens 1/5 des Beckeninhaltes. Meiner Erfahrung nach genügt es, 1/5 des Wassers jährlich auszutauschen. Am effektivsten ist dieses auf einmal im Winterhalbjahr, da dann das Maximum an Salzen, Cyanursäure etc. entfernt wird. Eine andere Variante des Wassertausches ist das regelmäßige Spülen. Diese Methode ist aber weniger effektiv. Da regelmäßig nachgefüllt werden muß, mischt sich dieses Wasser wieder mit belastetem, um dann wieder hinausgespült zu werden. Besser ist der Austausch 1:1.

Überlauföffnung des Skimmers schließen

Diese liegen oft zu tief. Zu empfehlen ist es, diese meist 50mm großen Öffnungen mit einem Überwinterungsstopfen zu schließen. Kommt es nämlich zu einem Sandregen, muß über -Entleeren- abgesaugt werden. Der mit dem Sand niedergegangene Regen ist dann sehr nützlich. Diese Sparmaßnahme kann dazu beitragen, daß Sie nach dem Saugen kein zusätzliches Wasser aus dem Leitungsnetz benötigen.

Eine gute Skimmung ist nämlich auch dann noch gewährleistet, wenn der Pool bis auf einen Millimeter unter der Oberkante des Skimmers gefüllt ist. Bei Liner ist allerdings auch hier Vorsicht geboten. Ein zu hohes Aufsteigen des Wassers kann dazu führen, daß Wasser hinter diesen gelangt und Beulen bildet.
 Deshalb ist es bei einer solchen Schwimmbadauskleidung ratsam, immer einen Überlauf zu integrieren. Es genügt dann, wenn dieser dicht unter der Oberkante des eingeschweißten Materials liegt, sodaß ein Maximum an Regenwasser gespart werden kann, ein Eindringen von diesem zwischen Liner und Poolwand aber ausgeschlossen bleibt.

Sog zu stark

Ist der Sog am Sauger so stark, daß er sich nur schwer führen läßt (passiert gerne beim Liner) können Sie diesen abschwächen, indem Sie den Bodenablauf teilweise öffnen.

Sog zu schwach

Beobachten Sie die Rücklaufdüsen. Gut eingestellte lassen eine Strömung erkennen. Ist diese zu schwach, muß der Pumpenkorb gereinigt oder eine Rückspülung durchgeführt werden. Die richtige Entscheidung hierüber bringt einen Zeitgewinn: Zeigt der Druckmesser über $1 kg/cm^2$, ist lediglich die Rückspülung notwendig. Liegt der Druck darunter, nämlich im normalen Bereich, ist ein Reinigen des Pumpenkorbes nötig (viel zeitintensiver).

Wolken am Sauger

Der Sog ist zu schwach oder Sie fahren zu schnell. Passen Sie die Geschwindigkeit so an, dass keine Wolken mehr entstehen oder verfahren Sie wie unter »Sog zu schwach«.

Richtig überlappen

Sie sind Profi? Für Sie bedeutet Zeit bares Geld? Stellen Sie sich vor, Sie überlappen die Saugbahnen (quer) zur Mitte hin nicht um ca. 30 cm, sondern um 2m. Bei einem 8 x 4 Pool wären das statt 2,4 m^2 satte 16 m^2, die Sie unnötig saugten. Bei 15 Pools am Tag entspräche das einem Mehraufwand von 210 m^2.

Was nichts anderes bedeutet, als das Sie ca. 7 Pools mehr saugen als nötig. Rechnen Sie bitte selbst aus, wieviel Umsatz Sie so verschenken bzw. wieviel Luft für mehr Aufträge. Beim Privatmann wird die reine Zeitersparnis die gewichtigere Rolle spielen.

Rundungen bürsten

Ihr Sauger saugt nur bei flachem Aufliegen auf dem Boden gut. Bei Rundungen ergeben sich zwangsläufig größere Abstände. Ich empfehle deshalb ein Nachbürsten an diesen, um eine größere Sauberkeit zu erreichen. Ansonsten drohen dort Streifen.

Lokale Veralgung

Bürsten Sie diese ab und streuen Sie ggf. Chlorgranulat auf die Stelle. Ist die Veralgung dicht am Rand, werfen Sie das Granulat gegen diese oder bringen es mittels Schaufel, die Sie am Rand entlangführen, exakt über der veralgten Stelle aus.

Ständige Randbildung

Verbessern Sie die Skimmung durch teilweises Schließen des Bodenablaufes.
  Außerdem sollten Sie Ihr Badeverhalten überprüfen. Gehen Sie frei von Sonnencreme schwimmen?

Fettfilm auf dem Wasser

Maßnahmen s. Randbildung

Blätter im Pool

Keschern Sie so gut wie möglich, auch am Boden liegende Blätter. Sie reduzieren damit das zeitaufwendige Reinigen des Pumpenkorbes.

Piniennadeln im Pool

Piniennadeln bilden nach Sturm in einzelnen Bädern regelrechte Kissen. Da diese nicht saugbar sind, müssen sie zunächst gekeschert werden. Wenn Sie zum Saugen übergehen, ist es bei einem zu kleinem Pumpenkorb möglich, einen Adapter oberhalb des Skimmerkorbes aufzulegen, der über eine Öffnung verfügt, in die Sie den Schlauch stecken können. Der Skimmerkorb kann dann die Masse der angesaugten Nadeln aufnehmen, und Sie sparen Zeit und Kraft, indem Sie nicht mehrmals pro Saugvorgang in den Technikraum müssen, um umständlich den Pumpenkorb zu entleeren.

Oberfläche stark verschmutzt

Ist die Oberfläche stark durch Blätter oder Insekten verschmutzt, bietet es sich an, vor dem Bürsten und anschließendem Keschern schon einmal die Umwälzung zu starten. Der Strom aus den Rücklaufdüsen treibt den Oberflächenschmutz dann Richtung Skimmer, sodaß das Abkeschern effektiver ist.

Gelegentlicher Chlorschock

Viele Fachleute empfehlen einen gelegentlichen Chorschock, um Chloramine und andere störende Elemente im Wasser zu neutralisieren. Mir persönlich ist es noch nicht vorgekommen, daß Chloramine in überhöhter Konzentration vorlagen. Der Grund liegt in der stets ausreichenden Chlorung. Deshalb halte ich von dieser Maßnahme nichts.

Ein Chlorschock muß allerdings dann durchgeführt werden, wenn Chloramine oder andere Verunreinigungen stören.

Flockmittel

Flockmittel sind regelmäßig einzusetzen. Beim Einsatz von Kupfersulfat aber weniger, weil dieses auch eine entsprechende Wirkung hat.

Vorbeugen ist besser als heilen: Besser einmal zu oft flocken als irgendwann vor einem trüben Pool zustehen.

Beckentrockenlegung

Legen Sie ein Becken trocken, gilt es ein paar Punkte zu beachten:

- Beachten Sie die örtlichen, gesetzlichen Vorschriften. Möglich wäre, daß Sie das
- Wasser nicht in die Kanalisation leiten dürfen, das Chlor müssen Sie zuvor neutralisieren ...
- Oder Sie haben ein Depot und lagern Teile des Wassers dort zwischen ...
- Entleeren in die Natur oder Kanalisation muß langsam erfolgen. Beobachten Sie die
- Aufnahmefähigkeit des Bodens, um eine Übersättigung und ggf. Erdabgänge zu vermeiden.
- Wenn möglich entleeren Sie über mehrere Schläuche in verschiedene Areale Ihres Grundstücks.
- Das spart Zeit und garantiert eine gleichmäßige Versickerung. Die Schläuche sind dazu
- mit Wasser zu fluten und am tiefsten Punkt des Beckens beschwert einzuhängen. Das aus dem
- Becken heraushängende Ende muß tiefer als dieser Punkt ruhen, da das Wasser sonst nicht ganz abläuft
- (eben nur bis zur Höhe des Schlauchendes).

Pflegeplan für ein Schwimmbad

Täglich

- Keschern Sie Blätter, Insekten etc. von der Oberfläche
- Reinigen Sie den Skimmerkorb
- Überprüfen Sie den pH-Wert und den Desinfektionsmittelgehalt
- Korrigieren und geben Sie, wenn nötig, Desinfektionsmittel zu

- Machen Sie eine Sichtprüfung in bezug auf eine Algenbildung etc.
- Füllen Sie ggf. Wasser nach

Wöchentlich

- Saugen Sie den Schwimmbadboden
- Reinigen Sie im Anschluß den Pumpenkorb
- Bürsten Sie die Wände, Rundungen und Ecken
- Reinigen Sie den Rand soweit erforderlich
- Geben Sie ein Algizid zu

Monatlich

- Führen Sie eine Filterspülung durch oder reinigen Sie den Kartuschenfilter ...
- Prüfen Sie die wichtigen Parameter wie Isocyanursäure, Calciumhärte, Totale Alkalinität etc.
- Geben Sie ein Flockmittel (nach Gebrauchsanweisung) hinzu

Jährlich

- Wechseln Sie 1/5 des Beckenwassers oder mehr, wenn der Isocyanursäurewert oder ein anderer Parameter das erforderlich machen sollte
- Wechseln des Filtersandes nach hoher Beanspruchung

Irreparable Schäden an der Verfliesung etc.

Es können an der Verfliesung oder an Linern etc. irreparable Schäden auftreten, die mit der manuellen Reinigung nicht entfernt werden können. Diese müssen erkannt werden, um Zeitverschwendung bei vergeblichen Reinigungsversuchen zu vermeiden.

Zu nennen sind hier

1. Flexschäden
2. Fehlende Fugenmasse
3. Abgenutzte Fliesen
4. Ionisierte Fliesen
5. Zementschleier auf weißen Fugen
6. Bleichflecken in Linern
7. Algizidflecken

zu 1.) Flexschäden sind für den Laien oder Anfänger nicht gleich als solche zu erkennen, denn dann wäre klar, daß es sich um Rostflecken handelt.

Sie treten auf, wenn in der Nähe des Pools mit dem Trennjäger Metall bearbeitet wurde, und die dabei wegfliegenden Funken (glühende Metallpartikel) in das Becken fallen. Kleine schwarze Punkte, die nicht mehr entfernt werden können, da daß oxydierte Metall Ionen in die Oberfläche der Fliese abgab. Leider ist dieser Schaden keine Seltenheit!

zu 2.) Fehlende Fugenmasse zwischen den Fliesen, die nahezu ohne Fuge (auf Knirsch) verlegt wurden, bewirkt feine schwarze Streifen, bei der es sich nicht um eine Veralgung handelt, sondern festen Schmutz, der weder von dem Sauger abgesaugt noch von irgendeiner Bürste herausgeholt werden könnte.

zu 3.) Alte Fliesen können erhebliche Oberflächenabnutzungen aufweisen. Wenn möglich schimmern diese auch noch grün. Tip: Tauchen und mit den Fingern befühlen, wer da zweifelt.

zu 4.) Langsam zerfallende Metallrohre senden Metallionen in das Wasser. Diese dringen in die Fliesenoberfläche ein und bewirken dort ebenfalls einen leichten Grünschimmer. Eine Beschädigung wie Kratzer o.ä. ist allerdings nicht erkennbar.

zu 5.) Auch faule Handwerker (verzeihen Sie bitte den Ausdruck) reinigen nach Arbeitsende Ihre Werkzeuge und Behältnisse. Gelangen Zementreste in das Becken haften diese entweder am Boden an oder sie sind feiner und bilden einen nicht korrigierbaren Schleier auf, wenn es geht, noch neuen Fugen. Ein häßlicher Anblick, der auch wütend machen kann.

zu 6.) Bleichflecken in Linern sind keine Verschmutzung, sondern ein Schaden. Das aufgedruckte Muster hat teilweise an Farbintensität nachgelassen. Dieses kann durch Fehler bei der Anwendung von Chemikalien oder durch eine fehlerhafte Verlegung des Produktes entstanden sein.

zu 7.) Kupferhaltige Algizide können auf hellen Fliesen blaue Flecken auslösen und Fugen einfärben. Bei diesen bringt die Zeit die Lösung. Ein sofortiges Entfernen ist beim befüllten Pool unmöglich. Im Winterhalbjahr bei fallenden Temperaturen treten diese stärker auf, was mit der Abkühlung des Beckenwassers zusammenhängt.

Als Privatnutzer oder Schwimmbadpfleger können Sie dazu beitragen, z.B. Flexschäden zu vermeiden.

Lassen Sie nicht zu, daß Handwerker leichtfertig in der Nähe Ihres Bades Arbeiten verrichten, die Ihren Pool schädigen können. Weisen Sie mit Nachdruck daraufhin, daß Sie es nicht wünschen, auch nur irgend einen Rest Baumaterial in Ihrem Bad zu finden. Behalten Sie sich Schadensersatz vor und klären Sie das am besten bei der Auftragsvergabe.

Andere Reinigungsprozeduren

Besondere Randreinigung

Fettrand

Nehmen die Badenden es nicht so genau mit der Duschdisziplin, weil sie entweder zu bequem sind oder in dem Glauben, die Sonnencreme sei wasserfest (wasserfest gibt es nicht, so meine Erfahrung) und mit der, wenn möglich karotinhaltigen, Lotion am Körper schwimmen, kann es zur Bildung eines unangenehmen Fettrandes kommen. Ein solcher Rand muß mittels Schwamm und Spezialreiniger entfernt werden. Erhältlich ist dieser im Poolladen oder Sie kaufen gleich Ammoniak im Supermarkt für einen Bruchteil des Preises. Ein Riechtest bringt es meist an den Tag: Auch im sehr teuren Poolladenprodukt ist Ammoniak. Ersparnis ca. 7 Euro pro Flasche.

Die Reinigung führen Sie am besten bei laufender Pumpe vor den Augen der Übeltäter durch, um auf das im Skimmer gesammelte Fett hinzuweisen. Die Skimmung können Sie verbessern (s.o.). Suchen Sie das Gespräch mit den Verursachern. Fett im Pool muß nicht sein. Ammoniak ist bei Kunststoffpools (Liner, Polypropylen ...) allerdings nicht anzuwenden!

Rußrand

Dieser tritt verstärkt nach Regen auf. Auch er muß abgewaschen werden. Prozedur am besten wie oben.

Kalkrand

Einen Kalkrand entfernen Sie mit Salzsäure. Vorsicht bei deren Anwendung. Es steigen Dämpfe auf, die stark reizend sein können. Gesicht deshalb nie über die zu reinigende Fläche halten, mit ausgestrecktem Arm putzen, indem Sie die Säure auf den Schwamm auftragen und den Kalk abwischen. Ist der Kalkrand stärker ausgeprägt, spritzen Sie die Säure auf und lassen Sie sie einwirken.
Danach gehen Sie mit der Bürste nach.

Da sich Salzsäure auf den pH-Wert auswirken kann, ist dieser bei einer größeren Anwendung nach 30 Minuten zu kontrollieren.

Der Sandregen

Ein durch Sandregen (z.B. Sahara-Sand) verschmutzter Pool muß über -Entleeren- (02.00 Uhr) gesaugt werden, wenn das Filtermedium ihn nicht zurückhalten kann. Neuer Sand hat bei mir diesen Test aber schon bestanden.

Allerdings nur im ersten Jahr. Danach waren die Silex-Körner schon zu rund geschliffen. Der abgeregnete Sand kann ein Farbspektrum von braun bis rot aufweisen und von der Feinheit bis Ton reichen. Nach einem Verschmutzen durch Sandregen kann der Pool zunächst eingetrübt sein. Diese Eintrübung kann in Verbindung mit den blauen Fliesen auch einen Grünstich ergeben.

Viele Laien haben dann nichts **unnötigeres** zu tun als in den Poolladen zu gehen und sich vom Verkäufer Chlorgranulat für eine Stoßchlorierung zu holen, da das Wasser zu kippen (grün zu werden) drohe.
    Dieser verkauft ihm das Chlor natürlich gern, wie ich gesehen habe.

Der Profi sieht natürlich mehrere Pools und weiß nach einer Chlormessung, daß dahingehend keine Gefahr besteht. Die Filtration kann vielmehr weiterlaufen wie gehabt, bis das Wasser wieder klar ist. Teile des Sandes sind dann vom Filter aufgenommen worden, der Großteil liegt am Boden. Eine Dauerfiltration bringt außer einer unnötig erhöhten Stromrechnung nichts. Der teilweise zu feine Sand geht durch den Filter durch.

Erst dann macht das Absaugen über -Entleeren- Sinn. Den Sauger wie beschrieben anschließen.
    Die Pumpe aus, um am MV von -Filtration- auf -Entleeren- umzuschalten.
    Beim Entleeren geht das Wasser unter Umgehung des Filters direkt in den Abfluß. Deshalb muß zügig gesaugt werden, um möglichst wenig Wasser zu verbrauchen. Feiner Ton kann allerdings anbacken. Es muß dann mit dem Sauger eine schrubbende Bewegung ausgeführt werden, um diesen zu lösen.
    Nach Beendigung des Absaugens müssen Sie eine Rückspülung des Filters vornehmen, um ihn von gefiltertem Sand zu reinigen (Nachspülen nicht vergessen).

Noch vorhandene Sandanhaftungen müssen Sie bürsten, um sie zu lösen.

Anschließend kann wieder in den Normalbetrieb übergegangen werden. Sollte zuviel Wasser verbraucht worden sein, ist dieses umgehend nachzufüllen, um ein Luftsaugen des Skimmers zu vermeiden.

Säurewaschung des Bades

Eine sogenannte Säurewaschung kann an einem befüllten oder entleertem Pool durchgeführt werden. Grund kann ein durch falsche Pflege verursachter Kalkschaden sein oder altersbedingte Ablagerungen, unter Umständen sogar Ablagerungen bei einem neuen Becken, wenn der Verfuger nicht ordentlich nachgereinigt hat (was ich auch schon gesehen habe). Wichtig ist deshalb die Kontrolle dessen Arbeit durch Sie oder Ihren Schwimmbadpfleger, wenn dieser die Arbeit nicht selbst gemacht haben sollte.

Bei der erstgenannten benötigen Sie mehr Zeit und anderes Werkzeug als bei der zweitgenannten.

Um den Badebetrieb nicht unnötig zu beeinträchtigen nehmen Sie diese selbstverständlich im Winterhalbjahr vor.

Säurewaschung des befüllten Beckens

Um diese durchführen zu können, benötigen Sie 1 große Bürste, Ihre Teleskopstange und 10-20 Liter Salzsäure für einen 50m^3 Pool. Faßt Ihr Becken mehr Wasser, müssen Sie entsprechend mehr Salzsäure zugeben. Entscheidend ist, daß Sie den pH-Wert des Wassers deutlich unter 7 senken.

Nach meiner Erfahrung sind niemals Korrosivschäden an Metallteilen oder sonstigen Installationen bei einer derartigen Säurebeigabe aufgetreten. Dieses liegt wohl daran, daß es zu einer raschen Freisetzung alkalinen Materials kommt, welche die Aggressivität des sauren Wassers schnell aufhebt.

- Zuallererst schalten Sie die Pumpe aus.
- Gießen Sie die Säure an unterschiedlichen Stellen ins Wasser (unter Beachtung des Tragens eines Augenschutzes (z.B. Sonnenbrille)
- Nutzen Sie 5l-Kanister, gießen Sie diese teilweise einzeln aus und stellen Sie sie dann so auf die Krone, daß sie vollständig auslaufen (spart Zeit)
- Nach deren Auslaufen gießen Sie Restinhalte ins Becken und kontrollieren die Krone auf etwaig vorhandene Säurespritzer, die Sie abwaschen müssen
- Etwa 30 Minuten später werden Sie einen deutlich unter 7 liegenden pH-Wert messen
- Lassen Sie zunächst das saure Wasser für Sie die Arbeit machen und warten Sie einen Tag, bevor Sie das erste Mal

- Bürsten, und zwar die Wände zuerst, an der flachen Seite beginnend
- danach den Übergang Wände / Boden
- Liegt ein rechter Winkel vor, bürsten Sie zunächst den Boden an der Wand entlang einmal um das Becken herum, damit Sie die Bürste wirkungsvoll ansetzen können, um vom Rand weg zur Beckenmitte zu bürsten
- Dieses führen Sie ebenfalls Bahn für Bahn durch
- Saugen Sie den Pool zum Abschluß

Beim Bürsten am darauffolgenden Tag werden deutliche Wolken alkalinen Materials aufgewirbelt werden.

Starten Sie ruhig die Pumpe und lassen Sie filtrieren. Kräftigere Flecken bürsten Sie noch einmal nach.

Messen Sie dann den pH-Wert. Ist das Wasser noch sauer und alkalines Material an den Wänden erkennbar, lassen Sie das saure Wasser weiter einwirken. Ist es nicht mehr sauer, gießen Sie 10l Salzsäure je 50m^3 Wasserinhalt nach ...

Am darauffolgenden Tag bürsten Sie erneut, um gelöstes Material zu entfernen. Dieses wiederholen Sie solange, bis alle alkalinen Niederschläge entfernt sind. Während der Maßnahme halten Sie den pH-Wert immer unter 7, daß Wasser also im sauren Bereich.

Ist der Kalkbeschlag entfernt, muß der pH-Wert wieder auf normal eingestellt werden.

Zum Abschluß prüfen Sie alle Parameter wie bereits beschrieben und stellen Sie sie ggf. neu ein.

Zu beachten sind natürlich die Kalziumhärte und die Säurekapazität (Totale Alkalinität).

Säurewaschung des leeren Bades

Diese Form der Beckenreinigung halte ich für extrem umweltschädlich und gesundheitsgefährdend.

In den USA scheint sie aber gängige Praxis zu sein. In einem Blatt der Costa Blanca wurde sie allerdings auch schon empfohlen. Ich rate von ihr ab und erwähne sie nur der Vollständigkeit halber.

Sinn macht sie nur, wenn das Wasser ohnehin in einem desolaten Zustand ist, weil die Isocyanursäurekonzentration zu hoch ist (s. dort), oder andere Parameter, die nur über einen Wasseraustausch korrigiert werden können, den Toleranzbereich verlassen haben. Andernfalls stellt Sie eine pure Wasserverschwendung dar. Für diese benötigen Sie einen Schrubber, Gummistiefel und einen Eimer. In dem Eimer stellen Sie eine Lauge aus verdünnter Salzsäure im Verhältnis 1 Teil Säure auf 2 Teile Wasser her (1:2).

Je nach Belastung der Luft mit reizenden Gasen ist die Verwendung einer Schutzmaske zu empfehlen.

- Zuallerst müssen Sie das Becken trockenlegen (s. dazu oben)
- Danach schließen Sie den Bodenablauf mit einem Schraubstopfen
- Ist dieses erfolgt, tragen Sie die Lauge zügig mit dem Schrubber auf. Nicht das
- Schrubben bewirkt den Reinigungsvorgang, sondern die Lauge ätzt
- Beginnen Sie an den Wänden des flachen Endes und arbeiten Sie sich zum tiefen vor.
- Empfehlung: Von Oberkante über den Boden zu Oberkante meterweise.
- Da Sie zügig arbeiten, kommen Sie auch zügig vorwärts und benötigen daher weniger Lauge.
- Sich am Bodenablauf sammelnde Lauge können Sie wiederverwenden, bis Sie abreagiert ist (feststellbar am Nachlassen der Reinigungswirkung)

Haben Sie die Waschung beendet geht es an das Entsorgen der am Bodenablauf befindlichen, dreckigen Brühe. Beachten Sie bitte unbedingt die gesetzlichen Vorschriften Ihres Wohnortes zur Beseitigung dieses Abwassers. Ein Erkundigen vor Beginn der Maßnahme bei der Kläranlage oder im Umweltressort kann nicht schaden. Im Zweifelsfall müssen Sie abpumpen und als Sondermüll abfahren lassen.

Welche Waschung ist zu bevorzugen?

Ich meine, es liegt die Säurewaschung des gefüllten Bades auf der Hand. Sie dauert zwar länger, ist aber wesentlich umweltverträglicher.

Was aber hält sie davon ab, Ihr Bad nach 20 Jahren Nutzung einmal neu zu verfliesen?
Nachverfugung und Säurewaschung (des leeren Bades) wären nötig, wenn gravierende Schäden eingetreten wären. Keine dieser Maßnahmen ist allerdings dazu geeignet, einen Neuzustand wiederherzustellen.
Die Säurewaschung des leeren Bades ist ohnehin abzulehnen.
Nur ein Neuverfliesen läßt Ihren Pool in einem komplett neuen Glanz erstrahlen. Das Wohlfühlgefühl ist in einem solch erneuerten Bad einfach nicht zu schlagen.

22. Der Whirlpool

Allgemeines

Er wird auch Spa (lat.:Sanus per aquam), Jacuzzi (Erfinder aus den USA) oder Hot Tub genannt. Deren Beliebtheit nimmt von Jahr zu Jahr zu.

Wer würde nicht einmal gerne in einem eigenen sitzen, mal ehrlich? Wohlig aufgeheiztes Wasser, um 35 Grad C, je nach Belieben, gute Musik oder eine (n) gute (n) GesprächspartnerIn, ein Coktail oder ein Glas Sekt ... In einem Whirlpool kann man es sich so richtig bequem machen ...

Erhältlich sind sie in allen Variationen:

- indoor/outdoor
- verglast mit Dach oder frei
- Größen nach Bedarf

Ein Whirlpool ist ein Bad, daß von Luftblasen durchströmt wird. Zusätzlich treten an Düsen massierende Wasserströme aus. Das Becken ist meist aus Acryl.

Bevor Sie sich allerdings einen anschaffen, gilt es einige Grundsätzlichkeiten zu realisieren. Hilfreich ist sicherlich die DIN 19643. Denn auch beim Whirlpool handelt es sich um ein Becken zum Baden. Da Sie dieses aber nur privat nutzen, liegt die Einhaltung der verschiedenen Vorschriften in Ihrem Ermessen. Ich denke aber, es gilt wie beim Schwimmbad: Die Einhaltung der Parameter etc. empfiehlt sich von allein.

Die DIN 19643 verlangt pro Person ein Beckenvolumen von 400 Litern und eine Mindesgröße von 1600 Litern. Eine kurzfristige Überschreitung schadet m.E. aber nicht. Entscheidend ist, daß Sie sich im Becken wohlfühlen und die Anlage die erhöhte Personenzahl bewältigt. Ein Indikator für ein Versagen ist immer eine Eintrübung.

Desinfektion

Mittlerweile werden Whirlpools auch mit Ozonanlagen angeboten. Wie aber schon beschrieben, muß diese Methode mittels eines zusätzlichen Desinfektionsmittels unterstützt werden.

Es bietet sich die Verwendung von Aktivsauerstoff an. Chloramine oder Bromamine entfallen dadurch, genauso THM (geruchsbelästigend). Der ganz große Vorteil beim Aktivsauerstoff liegt aber auch darin, daß er nicht bleicht. Bedenken Sie einmal, daß heutige Whirlpools nahezu ausschließlich aus eingefärbtem Kunststoff sind. Und die Haut wird auch nicht ausgetrocknet.

Desinfektionsmittelmessung

Diese sollte hier täglich erfolgen. Duch höhere Temperaturen und geringeres Verhältnis Beckenvolumen/Verunreinigung ist die Gefahr der Infektion größer.

Flockung

Eine Flockung sollte wöchentlich durchgeführt werden.

Filterreinigung

Bei dem Filter handelt es sich in der Regel um einen Kartuschenfilter. Dieser sollte ebenfalls wöchentlich gereinigt werden.

Wasserwechsel und Beckenreinigung

Das Wasser muß regelmäßig gewechselt werden.
  Spätestens alle 3 Monate.

Tip: Füllen Sie Warmwasser aus der Hausleitung auf, daß verkürzt die Aufheizdauer und schont die Spa-Heizung.

Das Becken waschen Sie bei der Gelegenheit mit einem im Spa-Shop erhältlichen Reiniger oder einfachem Spülmittel aus. Ein Insider gab mir den Tip, Essig zu verwenden.

Auswirkungen der Whirlmassagen auf den Menschen

Der Temperatur des Wassers kommt eine besondere Bedeutung zu:

- 36 Grad C warmes Wasser bewirkt eine Entmüdung (=positiv)
- 40 Grad C warmes Wasser schwächt dagegen (=negativ)
  Schwindel und Herzrasen können ausgelöst werden!

Die Wasserwirbel kneten die Muskulatur und bewirken eine Entspannung sowie eine Lockerung der Gelenke.

Luftbläschen transportieren bei der Luftsprudelmassage Sauerstoff in die Poren und regen die Hautdurchblutung an, was zu einer positiven Reizung der Nervenenden führt.

Achtung, Gesundheitsgefahren!
Holen Sie sich ärztlichen Rat ein, bevor Sie einen Whirlpool benutzen. Speziell wenn Sie an Herzkrankheiten leiden oder einen Herzinfarkt hatten. Auch Blutdruckprobleme, Diabetes ö.ä. lassen den Gang zum Arzt vor der Benutzung eines aufgeheizten Beckens ratsam erscheinen.

Installationshinweise

Bei der Installation im Haus müssen Sie vorab bedenken, daß Sie eine gute Lüftung sicherstellen können. Ansonsten droht aufgrund der hohen Luftfeuchtigkeit im Umfeld von Spas Kondenswasserbildung und Schimmel. Die Errichtung einer speziellen Feuchtigkeitssperre ist auch hilfreich, um ein Eindringen von Feuchtigkeit ins Mauerwerk und Durchfeuchtung zu verhindern. Selbstverständlich sind spezielle Luftentfeuchter auf dem Markt erhältlich, die unauffällig in einer Zwischenwand installiert werden, und die Luftfeuchtigkeit bei 60% halten können. Denken Sie auch an eine Abdeckung, um ein Verschmutzen durch Stäube zu vermeiden. Spas werden oft länger nicht genutzt, was ein Einstauben begünstigt.

Foto 45: Abgedeckter Whirlpool

Foto 46: Innenansicht eines Whirlpools

23. Schwimmbadheizungen

Allgemeines:

Für die Beheizung des Schwimmbades bieten sich aktive und passive Möglichkeiten:

aktiv:

- Wärme-Pumpen
- Öl- oder Gasheizungen i.V.m. Wärmetauschern

passiv:

- Solarpaneele
- Solarabdeckungen

Foto 41: Installierter Wärmetauscher

Bei der Installation einer Schwimmbadheizung stehen die o.g. passiven oder aktiven Systeme zur Verfügung.

Die passiven Systeme haben ggü. den aktiven den Vorteil, daß sie keine zusätzliche, zu bezahlende Energie benötigen, um ein Schwimmbad zu beheizen. Allerdings den Nachteil, daß sie eine bestimmte Sonneneinstrahlung brauchen, um wirkungsvoll zu arbeiten.

Die aktiven Systeme ermöglichen ein Aufheizen des Pools unabhängig von der Intensität der Sonneneinstrahlung. Allerdings kann der Energieaufwand dafür sehr hoch und teuer sein.

Poolheizungen sollten ausschließlich in Verbindung mit Poolabdeckungen genutzt werden. Der Wind darf ebenfalls nicht außer Acht gelassen werden. Da Wind eine hohe Verdunstungsrate bedingt, führt die dabei entstehende Verdunstungskälte ebenfalls zu einem Wärmeverlust. Es empfiehlt sich daher, einen Windschutz zu errichten. Das kann eine bauliche Einrichtung sein oder eine natürliche Hecke, allerdings nicht aus Laubgehölzen, die Sie so flach halten, daß Sie keine Verschmutzung des Pools verursachen kann.

Foto 42: Abgedeckter Pool mit Windschutz (Glas links oben)

Installationshinweis
Heizsysteme müssen, um die Filterleistung nicht zu beeinträchtigen, in den Rücklauf integriert werden. Sie sparen damit erstens eine zweite Pumpe und zweitens Laufzeit und damit Betriebskosten. Leider sehe ich gelegentlich immer die ungünstige Variante. D.h. eine zweite Pumpe wird installiert und damit Energie verschwendet. Zumeist kommt dann auch noch die Filtrationszeit zu kurz, da der Heizkreislauf auch über Skimmer und Bodenablauf gespeist, daß erwärmte Wasser aber direkt unter Umgehung des Filters in das Becken zurückgeleitet wird. Die Folge: Schlechtere Wasserqualität durch zu kurze Filtration

Wieviel Energieaufwand ist für eine Beheizung nötig?

Die Erwärmung des Füllwassers muß in Beziehung zur Außentemperatur, dem Wärmeverlust und benötigter Energie gesetzt werden.

Zur Erwärmung von 1l Wasser um 1 Grad Celsius benötigen Sie die Energie von 1 Kilocalorie (kcal).

Leistungen von Heizungen werden in Kilowattstunden (kw/h), oder Wattstunden (Wh) angegeben. 1 Kilowattstunde hat 1000 Wattstunden.

$$1 Wh = 0{,}86 \text{ kcal}$$

Dividieren Sie nun den Beckeninhalt in Kubikmetern (m^3) durch 0,86 kcal, so erhalten Sie den Bedarf an Wärmeenergie für eine Temperaturerhöhung um 1 Grad C in Kilowattstunden.

Rechneten Sie in Litern hätten Sie die Wattstunden.

Beispiel:
Becken 8 x 4 mit ca. 45 m^3 Inhalt.
Benötigte Energie zur Erhöhung um 1 Grad C gleich 52,3 kw/h

Keine geringe Leistung, die zudem stetig erbracht werden muß, da die Abkühlung des Badewassers ständig anhält.

Die verschiedenen Systeme

Wärmepumpen

Funktion:
Die Umgebungswärme (-energie) aus der Luft bringt ein in der Wärmepumpe befindliches Medium zum Verdampfen. Mittels eines Kompressors (elektrisch) wird dieser Dampf durch Druck (Kompression) auf eine höhere Temperatur gebracht.

In einem Kondensator gibt das nun heiße Medium seine Wärme an das Schwimmbadwasser ab und kühlt sich dabei herunter. Dadurch wird es wieder flüssig.
   Einen Großteil der zum Aufheizen des Poolwassers benötigten Energie liefert die Umwelt (ca. 70%), der Rest (30%) wird elektrisch zugeführt.

Vorteilhaft sind die platzsparende Aufstellmöglichkeit und die hohe Effizienz. Diese liegt im Idealfall bei 1:4.

   Tip: Rangieren Sie niemals (!) mit einer Wärmepumpe an der unteren Grenze, Sie werden enttäuscht. Wenn ein Hersteller oder Berater für Ihren Pool eine bestimmte Größe empfiehlt, die vom Preis her noch interessant erscheint, rate ich dazu 30% mehr Leistung zu veranschlagen. Ansonsten haben Sie zu lange Aufheizzeiten und wenden zuviel Energie auf, um das Wasser warm zu halten. Möglicherweise läßt der dann höhere Preis eine andere Wahl wirtschaftlicher erscheinen.

Die Beratung ist alles. Lassen Sie sich für Ihren Pool den Wärmebedarf ausrechnen, holen Sie sich mehrere Angebote ein. Der Preisunterschied kann dann schon einmal bei 3000,-Eur für das gleiche Schwimmbad liegen.

Beim gleichen Hersteller! In der Praxis kommt es leider zu oft vor, daß Verkäufer, um Umsatz zu machen, eine schwächere und günstigere Pumpe anbieten.
   Ein seriöser Preis liegt für mich bei um 5000,- Eur (Leistung ca. 8kw/h) für ein 8 x 4 Becken (ca. 45.000 Liter)

Öl- und Gasheizungen

Öl- und Gasheizungen können in Verbindung mit einem Wärmetauscher zur Beheizung eines Schwimmbades eingesetzt werden. Die dabei verwendeten Systeme haben sich in der Regel bereits bei der Beheizung von Wohnhäusern bewährt, können separat installiert oder sogar mit bereits bestehenden

Installationen kombiniert werden. Der Clou liegt darin, die vorhandene Heizung über einen Wärmetauscher mit dem Schwimmbadwasser in Kontakt treten zu lassen. Bei der großen Heizleistung ist eine entsprechend kurze Aufwärmphase zu erzielen. Parallel wird das Haus mit geheizt.

Die Leistung ist atemberaubend:
Ein durchschnittliches Becken könnte in etwa 24 Stunden um bis zu 10 Grad Celsius aufgeheizt werden, wenn die Heizleistung bei ca. 40 kw läge.

Wie funktioniert ein Wärmetauscher?
In einem Wärmetauscher wird, wie es der Name sagt, Wärme getauscht. Von einem Heizsystem fließt ein Wasserkreislauf mit aufgeheiztem Wasser. Im Wärmetauscher begegnet dieser dem Schwimmbadwasser, und gibt Wärme, ohne sich mit diesem zu vermischen, an dieses ab. Es sind auch Elektro-Wärmetauscher erhältlich. Für Leute, die billigen Nachtstrom beziehen eine vielleicht interessante Alternative.

Preise für Wärmetauscher:
Öl- und Gasheizungskompatibel (von 20 bis 70kw) .... ab € 500,-
Elektrisch (von 1,5 bis 20kw) .... bis € 500,-
plus zusätzliches Material und Arbeitslohn ...

Solaranlagen

Für die Beheizung eines Schwimmbades mit Sonnenenergie bieten sich Kollektoren verschiedener Bauart an. Hervorzuheben sind Vakuumröhrenkollektoren und Absorberkollektoren.

Vakuumröhren:
Vakuumröhrenkollektoren bieten den Vorteil, nur sehr wenig Platz zu benötigen, um viel Sonnenenergie zur Beheizung des Badewassers zu nutzen. Im Bereich der Röhrenkollektoren setzt sich das »Sidney-System« durch. Die Wärme wird wie in einer Thermoskanne gehalten. Über einen Wärmetauscher wird das Schwimmbadwasser dann erwärmt.

Absorbersysteme:
Absorber sind aus Kunststoff oder ähnlichen Materialen.
   Prinzip: Wärme wird vom schwarzen Kunststoff o.ä. absorbiert und an das durchfließende Badewasser abgegeben. Dieses ist das filtrierte Wasser ab dem Multiventil. Eine Solarsteuerung leitet den Wasserstrom bei Bedarf durch die Absorbermatten, nachdem ein Thermofühler die geeignete Temperatur gemeldet hat.

Diese Kombination ermöglicht das Einsparen einer zweiten Pumpe und hat sich ggü. dem Zweipumpensystem bewährt. Zweipumpensysteme lassen nämlich leider auch die Filtration zum Erliegen kommen, was überhaupt nicht wünschenswert ist.

Bei der Montage der Absorber ist darauf zu achten, daß sie nach Süden ausgerichtet sind.
  Es gibt sie in Verbindung mit Steuerungseinrichtungen, die bei einer bestimmten Temperatur den Heizkreislauf öffen, d.h. sie lassen das Schwimmbadwasser durch die Paneele laufen, damit es sich dort aufheizen kann. Die Ausbeute liegt bei 80% (Herstellerangaben).

Diesen guten Wert erreicht man aber max. an sehr heißen Tagen. Im April dürfte der Wirkungsgrad bei um 45%, im Sommer durchschnittlich bei 70%, ab Mitte August wieder bei 45% liegen.
  Wichtig ist das Verhältnis Kollektorgröße zu Beckenoberfläche.
  Außerdem muß die Pumpe nun stärker ausfallen (s. Schwimmbadpumpen unter »Head«). Das Wasser muß nun nämlich in der Regel auf ein Dach, dort durch dünne Kanäle und zurück zum Schwimmbad gepumpt werden.

Je stärker die Pumpe, desto mehr Wasser fließt durch die Absorber, was eine bessere Erwärmung bedeutet. In der Praxis wird dieses leider schon einmal vergessen. Dieses führt dann zu einer deutlich schwächeren Pumpleistung mit Nachteilen wie schlechter Skimmung etc.
  Empfehlung: Der Kollektor sollte so groß wie möglich sein. Mehr Größe gleich mehr Leistung.

Preis: Je nach Beckengröße zwischen € 1.200,- und 2.000,- aufwärts plus zusätzliches Material und Arbeitslohn

Solarabdeckungen
Solarabdeckungen sind sehr preiswert aber auch nicht besonders effizient. Trotzdem sind sie eine sinnvolle Ergänzung zu jeder Schwimmbadheizung. Temperaturgewinne liegen nach meiner Erfahrung bei plus 4 Grad C ggü. der Temperatur von unbedeckten Bädern (im April und Oktober an der Costa Blanca, Spanien). Hersteller behaupten bis zu 8 Grad C Temperaturgewinn.
  Der Nachteil bei alleiniger Nutzung liegt auf der Hand: die Erwärmung findet sehr langsam statt, da ja immer auch der Wärmeverlust einkalkuliert werden muß.

Gegenüberstellung der einzelnen Systeme in bezug auf deren Laufzeit

Um das o.g. Schwimmbad (45m³) um 1 Grad Celsius aufzuheizen, benötigen Sie 52,3kw. Das bedeutet für die/den

Wärmepumpe mit 8/kw Heizleistung:	52,3kw: 8 = ca. 6,5 Std. Laufzeit
Wärmetauscher elektrisch 18kw:	52,3kw: 18 = ca. 2,9 Std. Laufzeit
Wärmetauscher (WT) Gas/Öl, 40 kw:	52,3kw: 40 = ca. 1,3 Std. Laufzeit
WT u. Solaranlage, 15 kw:	52,3kw: 15 = ca. 3,5 Std. Laufzeit

Der Energiebedarf wurde durch die Leistung des einzelnen Systems dividiert.

Diese Berechnung hinkt natürlich. Es wurde weder die Abkühlung des Beckens durch Umwelteinflüsse berücksichtigt noch das Verhältnis Volumen / Oberfläche.

Ferner spielen eine Rolle Entfernung Kollektor etc. zum Schwimmbad, Dachneigungen ...

Trotzdem ist, wenn Sie diese Bedingungen gleich setzen, der Vergleich als solches zulässig.

Energiespartips

Diese kommen bei allen Schwimmbadheizungen zum Tragen. Eine optimale Ausnutzung der Heizenergie in Verbindung mit untenstehenden Punkten bewirkt in jedem Fall ein schneller erwärmtes Bad und eine Energiersparnis.

Zu nennen sind:

- Legen Sie einen Windschutz des Beckens an (Glasscheiben, Hecke ...), um den windbedingten Temperaturverlust zu reduzieren. Dieses kann bis zu 60% Energieersparnis bedeuten
- Messen Sie die Wassertemperatur regelmäßig, um bei Ihrer Wunschtemperatur das Aufheizen zu reduzieren
- Möchten Sie länger nicht schwimmen, schalten Sie die Poolheizung ab
- Überheizen Sie den Pool nicht, indem Sie das Termostat auf niedrigste Wohlfühltemperatur stellen
- Legen Sie eine Poolabdeckung auf. Diese kann bis 50% Energieersparnis bieten. Wenn möglich eine Solarabdeckung, die zusätzlich mit heizt. Besonders effizient sind Abdeckungen mit Luftblasen.

Beherzigen Sie o.g. Tips, können Sie meiner Einschätzung nach bis zu 80% Energie sparen. Das schont den Geldbeutel und die Umwelt!

Entscheidung für ein System

Bei der Auswahl eines Systems spielt die gewünschte Nutzung eine große Rolle. Auch die Region, in der das Schwimmbad liegt, ist ein wichtiger Faktor in bezug auf die Nutzung der Sonnenenergie ...
Ich möchte noch etwas näher auf die Sonnenenergie eingehen:

Die Nutzung von Sonnenenergie hängt von der einfallenden Sonnenstrahlung ab.
Diese Globalstrahlung nimmt zum Äquator hin zu (von Deutschland aus in Richtung Süden).
Am Äquator selbst liegt sie bei 2.400 kw/h pro m² und Jahr (m²/a). In Großbrittanien bei 850 kw/h/m²/a, in Deutschland bei 1.000 kw/h/m²/a.

In Spanien, die Mittelmeerküste entlang bis Griechenland erreicht sie ca. 1700kw/h/m²/a.
In jedem Fall eine Menge Energie. Sollte man die ungenutzt lassen?

Die unwirtschaftlichste Methode zur Erzeugung von Wärme ist Strom vom Kraftwerk. Aus ökonomischer Sicht eher Unsinn. Im Kraftwerk wurde nämlich aus Wärme Strom, bei entsprechenden Verlusten, um dann wieder aus Strom Wärme zu gewinnen, ebenfalls bei entsprechenden Verlusten.

Die Wärmepumpe verwendet zwar auch Energie aus der Umwelt, benötigt aber wegen ihres Kompressors immer noch zusätzlich Strom vom Kraftwerk. Die behauptete Ausbeute liegt bei o.g. 1: 4. Das heißt um 4 kw/h Wärme zu erzeugen benötigen Sie eine kw/h vom Kraftwerk.

Besser ist schon die Ankoppelung an die Öl- oder Gaszentralheizung. Durch die hohe Abgabeleistung wird ein besseres Ergebnis in der Wirtschaftlichkeit erzielt, Gas und Öl werden einmalig in Wärmeenergie umgesetzt. Es bleiben also die Anschaffungskosten für diese Brennstoffe. Hinzu kommen die Kosten für die Extra-Pumpe (Kreislauf zum Wärmetauscher), sofern dieser nötig sein sollte.

Die einzige Technik, bei der keine zusätzliche Energie zum Beheizen aufgewendet werden muß, ist die Solarenergie. Allerdings läuft die Schwimmbadpumpe bei Heizbetrieb länger. Am stärksten ins Gewicht fällt allerdings, daß keine gekaufte Energie zum Heizen verwendet werden muß.

Schlußfolgerung:

Die Entscheidung für ein Heizsystem fällt in den persönlichen Bereich. Wie nutze ich das Schwimmbad? Wochenendweise bedürfte einer schnellen Aufheizung (z.B. mit Öl oder Gas). Dauerhafte Nutzung bedeutete auch, ich hätte mehr Zeit zum Aufheizen. Es böte sich ein Solarsystem an.

Die Wärmepumpe schneidet am schlechtesten ab. Hohe Anschaffungskosten, hohe Betriebskosten, niedriger Wirkungsgrad.

Bei meinen Recherchen stieß ich auf folgende Wirtschaftlichkeitsberechnung:

System	Preis kw/h in Cent	Jahresbetrag in €
Solar	0,0035	28,-
Heizöl	3,15	485,-
Strom	14,0	1.080,-

Kosten für eine Saison von April bis September in Deutschland.
Nach dieser fiele die Entscheidung leicht, oder?

Speziell in Spanien erscheint der Einsatz einer Wärmepumpe als sehr fragwürdig. Aber egal welches System installiert werden soll: Nicht zu niedrig kalkulieren! Die o.g. 30% mehr sind, denke ich, ein guter Anhalt.

Schwimmbadbeheizung mit Solar ist die Zukunft und nach heutigem Stand der Technik allen anderen Varianten vorzuziehen. Allerdings muß vor Anschaffung einer Anlage auch reichlich überlegt werden, ob man im April wirklich das Bedürfnis hat, in einem Freibad zu schwimmen.

Möglicherweise ist der Gang ins Hallenbad angenehmer und preiswerter.

Installation einer Solaranlage

Bevor Sie an die Anschaffung einer Solaranlage gehen müssen Sie prüfen, ob Sie über genügend Fläche in der richtigen Ausrichtung gen Süden verfügen, um die Sonnenenergie optimal nutzen zu können. Ist dem nicht so, kann die Absorberfläche gestückelt werden, um den jeweils größten Einfallswinkel der Sonnenstrahlen auf das Grundstück auszunutzen. Ein Steuergerät kann die einzelnen Flächen dann nacheinander zuschalten.

Die benötigte Absorberfläche richtet sich nach der Wasseroberfläche des Schwimmbades. Wie schon bei der Wärmepumpe angesprochen, gilt auch hier: Die Absorberfläche und damit die Leistungsfähigkeit sollte so groß wie möglich sein, um die Aufheizzeit kurz zu halten. Ab einem Verhältnis der

Absorberfläche zur Wasseroberfläche von 1: 1 können Sie mit einem sehr guten Ergebnis rechnen. Der ideale Neigungswinkel der Flächen zur Sonne bewegt sich zwischen 0 und 45 Grad. Die Schwimmbadpumpe sollte so groß wie möglich sein, da eine stärkere Pumpe mehr Wasser in einer kürzeren Zeit durch die Absorberflächen führt als eine schwächere.

Der Wirkungsgrad der Anlage wird dadurch noch verbessert.

Um eine zweite Pumpe zu sparen soll die Solarheizung in den bereits bestehenden Filtrationskreislauf integriert werden. Zu beachten ist, daß durch die Absorberfläche nur filtriertes Wasser geleitet wird (gilt übrigens für nahezu alle Heizsysteme!).

An einem geeigneten Punkt der Rücklaufleitung, zwischen Multiventil und Rücklaufdüsen, wird ein 3-Wege-Kugelventil eingeklebt. Dieses Ventil ist mit einem Steuergerät verbunden, daß automatisch ein Öffnen des Absorberkreislaufes bewirkt, wenn die Außenluft wärmer als das Wasser ist, welches immer durch das Kugelventil fließt.

Von dem Kugelventil aus wird eine Leitung zu den Absorberflächen gelegt. Die bereits bestehende Rücklaufleitung zum Becken bleibt erhalten. An diese wird die Leitung angeflanscht, die das erwärmte Wasser von den Absorbern zurücktransportiert. Diese wird zusätzlich mit einem Ventil versehen, um sie bei Stillegung der Solarheizung abtrennen zu können. Das gleiche empfiehlt sich auch zusätzlich für die Steigleitung. Zusammengefaßt ergibt sich dann im Pumpenraum folgendes Bild:

In die Rücklaufleitung ist ein 3-Wege-Kugelventil eingeklebt. Von diesem geht die Steigleitung zu den Absorberflächen ab, die zusätzlich mit einem Ventil gesperrt werden kann. Über dem 3-Wege-Kugelventil befindet sich das Steuergerät, daß bei Bedarf das 3-Wege-Kugelventil in Richtung Absorberflächen öffnet und dadurch den Wasserstrom durch diese lenkt. Das Steuergerät ist an eine Stromleitung angeschlossen. In die Rücklaufleitung vom Multiventil zum Becken (hinter dem 3-Wege-Kugelventil), mündet auch der Rücklauf von den Absorberflächen, der ebenfalls extra mit einem Ventil geschlossen werden kann.

Bild 43: Solarsteuerung

Da gerade Bedarf zum Heizen vorliegt, stellen Sie das Steuergerät auf -Automatik- und können sogleich hören, wie das 3-Wege-Kugelventil so geöffnet wird, daß der Rücklaufstrom durch die Absorber fließt.

Das Ventil des Absorberrücklaufes ist geöffnet, sodaß ein Durchfluß durch die Solarheizung gewährleistet ist.

Bild 44: Absorber auf Dach (seit 15 Jahren unverändert)

Die Absorberflächen sind fachmännisch auf dem Dach gem. Herstellerangaben befestigt.

Sie schalten die Pumpe ein und stellen fest, daß das zu erwärmende Wasser hörbar die Steigleitung hinauffließt. Die Anlage ist selbstentlüftend. Einige Luftblasen werden beim Neustart über die Rücklaufdüsen in das Becken gedrückt werden.

Sie stellen die Umwälzung so ein, daß diese bei größtem Einfallswinkel der Sonne auf die Absorberflächen läuft.

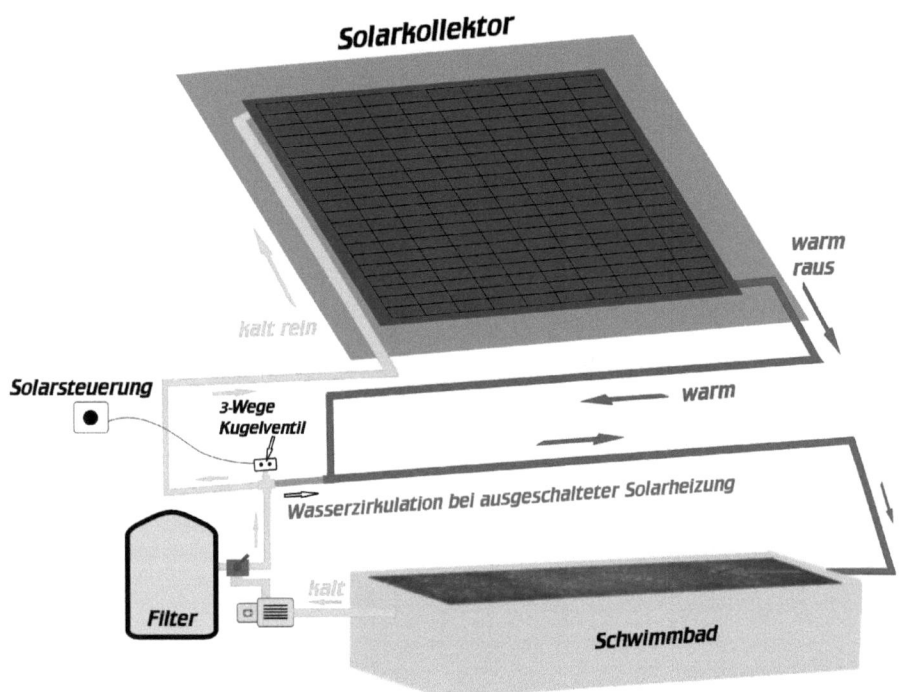

Abbildung 6: schematische Darstellung eines solarbeheizten Schwimmbades

24. Leckagen finden und beseitigen sowie einfache Sanierungsarbeiten

Allgemeines

Leckagen können an vielen Stellen des Schwimmbades auftreten. Im Bereich der Pumpen und des Filters sowie jedweder einsichtbaren Verrohrung sind Leckagen einfach zu entdecken: Wasser läuft sichtbar aus.

Wenn Sie also einen unerklärlich hohen Wasserverlust am Pool feststellen, sollten Sie zunächst die sichtbaren Teile des Wasserkreislaufs inspizieren. Ist die Suche dort ergebnislos, empfehle ich als nächsten Schritt, daß Multiventil zu überprüfen. Ich habe das schon bei der Beschreibung des Multiventils angesprochen, möchte das hier aber noch einmal anmerken.

Multiventil prüfen

Das Multiventil kann über den Ablauf (erkennbar am Schauglas) lecken. Öffnen Sie deshalb den Ablauf und stellen Sie einen Eimer darunter. Sollte nicht sofort Wasser austreten, starten Sie die Pumpe und beobachten weiter.

Tritt auch kein Wasser unter Belastung aus, müssen Sie der guten Ordnung halber einige Tage warten, und den Eimer immer wieder kontrollieren, bevor Sie Entwarnung geben können oder einen positiven Befund haben.

Markieren Sie in jedem Fall zusätzlich die Wasserlinie mit einem Bleistift, um den Wasserverlust im Auge zu behalten. Ist der Wasserverlust fortschreitend, am MV aber kein Austritt erkennbar, ist das MV als Ursache auszuschließen.

Verschiedene Suchmethoden

Verdunstungstest

Da Sie das MV ausschließen konnten stellen Sie nun die Pumpe aus und unterbrechen jegliche Stromzuführung zum Bad, inklusive der Scheinwerferverbindungen.

Füllen Sie einen 10l-Eimer mit Wasser und stellen ihn an den Beckenrand. Sie können dann dessen Verdunstungsrate mit der des Schwimmbades vergleichen, um einen Anhalt dafür zu haben, wieviel Wasser regulär ver-

dunstet. Markieren Sie dazu zeitgleich den Wasserspiegel Eimer und Pool.
Schließen Sie alle Ventile im Pumpenhaus etc. Danach heißt es abwarten.

- Bleibt das Wasser im Skimmer stehen, können Sie bzgl. dessen ein Leck ausschließen.
- Läuft der Skimmer leer, ist in dessen Leitung eine Undichtigkeit anzunehmen.
- Schließen Sie den Bodenablauf mit einem Stopfen. Endet der Wasserverlust, haben Sie einen Treffer gelandet.
- Markieren Sie jeden oder jeden zweiten Tag erneut den Wasserstand. Sie werden feststellen, daß das Wasser zunächst schnell fällt und dann langsamer, je niedriger der Wasserspiegel sinkt. Dieses liegt daran, daß mit zunehmender Entleerung des Beckens der Wasserdruck in diesem nachläßt, was eine Abschwächung des Auslaufens bedingt. Da Sie regelmäßig markieren, stellen Sie irgendwann fest, daß gar kein Auslaufen mehr stattfindet. Wasserverlust im Becken und Eimer sind nahezu gleich.
- Ist dieses unter den Rücklaufdüsen, kann die Verrohrung dieser als Ursache angenommen werden. Scheinwerfer und andere, zusätzlich angebrachte Accessoires lecken auch gerne über deren Befestigungen.
- Läuft der Pool vollständig aus kann eine Leckage am Bodenablauf angenommen werden.
- Endet der Wasserverlust abrupt mittig einer Wand oder auf dem Boden, muß entlang der Wasserlinie nach einem signifikanten Bruch, losen Fliesen o.ä. gesucht werden. Stellen Sie nicht sofort etwas fest, kann ein Bürsten auf Wasserhöhe etwas zu Tage fördern. Bleibt dieses ohne Erfolg ist es Zeit für den sogenannten

Farb-Test

Beim Dye-Test (Dye = engl. für Farbe) untersuchen Sie verdächtige Stellen, indem Sie an diesen einen Farbstoff, z.B. Lebensmittelfarbe (vielleicht ist gerade Ostern?), an diesen ausbringen. Bewährt hat es sich, die Lebensmittelfarbe in ein leeres OTO-Fläschchen zu füllen, da mittels diesem fein dosiert werden kann. Der Dye-Test kann auch bei noch unklarem Befund unter Wasser durchgeführt werden, allerdings müßte dann unter Umständen getaucht werden.

Lauschtest

In Bereichen, in denen viele Schwimmbäder vorhanden sind, können Sie davon ausgehen, daß es einen Techniker gibt, der mittels Geophonie ein Leck finden kann.
Fragen Sie im nächsten Schwimmbadladen nach einem solchen Service.

Rohre abdrücken

Haben Sie ein Leck entdeckt oder blieben Sie erfolglos, ist zu empfehlen, trotzdem das Rohrsystem abzudrücken, um keine böse Überraschung zu erleben. Auch dieser Service gehört zum Angebot von auf Leckagenbeseitigung spezialisierten Firmen und wird von diesen in der Regel mit durchgeführt.

Ich denke, daß dieser Test immer durchgeführt werden sollte, wenn der Pool ganz leer lief.

Ansonsten müssen Sie abwägen. Bei lecken Rohren ist er im Anschluß an die Reparatur empfehlenswert, um weitere auszuschließen, da Sie vermutlich nur bis zu einer sichtbaren Beschädigung freilegen und reparieren.

Leckagen beseitigen

Allgemein gilt, daß es hierfür Spezialfirmen gibt, die das nötige Know-how dafür haben. Deshalb beschreibe ich nur einfache Methoden, weitergehende gehören in Profi-Hände. Allerdings können Sie mit den o.g. Methoden zumindest das Leck finden und, sofern es mit einfachen, klempnerischen Fähigkeiten zu beseitigen ist, selbst beheben.

Leckagen im Rohrsystem

Solche sind am einfachsten zu beheben. Besteht Grund zur Annahme, daß die Verrohrung zum Skimmer leckt, suchen Sie am besten vom Skimmer ausgehend zum Poolhaus.

Gerne ist der Übergang Skimmer / Verrohrung ursächlich. Öffnen Sie die Terrasse hinter dem Skimmer und legen Sie diese frei ...

Haben Sie das Leck in der Verrohrung des Bodenablaufs ermittelt, gehen Sie bei dessen Lokalisierung am besten vom Poolhaus ausgehend vor, um das Rohr dort aufzunehmen und verfolgen zu können.

Sie arbeiten sich dabei immer tiefer vor. M.E. besser, als erst in die Tiefe zu gehen, ohne zu wissen, wo das Rohr verläuft, und sich dann hochzuarbeiten. Das können dann schon einmal ein paar Kubikmeter Boden sein, die Sie unnötigerweise ausheben.

Andere Leckagen müssen ebenfalls mittels Graben gesucht werden. In bestimmten Fällen kann sich auch die Anlage eines Bypasses anbieten (z.B. bei undichtem Anschluß des Saugers oder am Skimmer).

Leckt der Bodenablauf, können Sie in das abführende Rohr ein kleines Flexrohr einsetzen, sofern Sie es durchbekommen.

Zum Verkleben und Bypass-Legung siehe »Einfaches Schwimmbadklempnern«.

Scheinwerfer müssen unter Umständen demontiert werden, um den Wasserverlust zu stoppen.

Eine Re-Installation muß geprüft werden.

Leckagen am Betonkörper

Diese gehören in den Zuständigkeitsbereich einer Fachfirma.

Der Bruch wird sorgfältig freigelegt, gefüllt und getaped, um eine weitere Dehnung kompensieren zu können. Danach wird ein bestimmtes Material mittels Rolle aufgetragen. Nach Aushärtung der Gebinde kann neu verfliest werden. Diese Technik ist als 2 Komponenten-System bekannt.

Möglich ist aber auch eine Sanierung mit Polyester (GFK). Allerdings muß diese sorgfältig erfolgen. Nicht so wie in dem unten gezeigten Bild. Das Polyester wurde auch über die Rücklaufdüsen geschmiert. die Folge war ein Abreißen und Undichtigkeit.

Außerdem kann auch ein PVC-Liner in das Becken eingeschweißt werden. Achten Sie darauf, daß dieser von der Fachfirma faltenfrei verlegt wird, da sich sonst häßliche weiße Stellen bilden, wie sie leider doch immer wieder feststellbar sind.

Eine weitere Möglichkeit ist die, einen Pool im Pool zu bauen. Diese Methode halte ich für eine sehr sichere. Zudem müssen Sie sich nicht von den am schönsten wirkenden Glasmosaiken trennen.

Foto 44a: Schlechte Sanierung mit Polyester (GFK)

Foto 44b: Eingeschweißter Liner, der Fotoaufdruck ist beschädigt

Leckagen an Linern

Die Lecksuche erfolgt nach den gleichen Kriterien wie bei Betonpools. Gerne sind Nähte oder Anflanschungen undicht. Unter Umständen muß nachgeschweißt werden. Oder die angeflanschte Gummidichtung ist porös und gehört ausgewechselt ... Sie können allein entscheiden, was Sie sich selbst zutrauen können und wie weit Sie gehen möchten, bevor Sie eine Fachfirma mit weiteren Maßnahmen beauftragen.

Sonstige Leckagen

Sonstige Leckagen an anderen Schwimmbadtypen sollten immer über den jeweiligen Erbauer geklärt werden. Aufgrund der verschiedenen Materialien würde es zu weit führen, diese nun alle aufzuzählen, um dennoch keine Volllständigkeit erzielen zu können.

Fugensanierung

Früher oder später (je nach Qualität) sind die Fugen teilweise ausgewaschen und wirken unansehnlich. An den Beschädigungen bilden sich schwarze Streifen, die Schwarzalge nistet sich sicher ein.

Um erfolgreich sanieren zu können muß die Breite der Fugen berücksichtigt werden. Die zuvor erwähnte, speziell chlorresistente Fugenmasse wirkt erst ab einer Breite von 2 mm effektiv. Darunter ist es schwierig sie einzuarbeiten, sodaß sie kaum halten wird. Besser ist es, sich im Fachgeschäft nach einem speziellen Fugenmittel für Fugenbreiten von 0 bis 2mm und dem Schwimmbadbereich zu erkundigen. Empfehlenswert ist es, diese Fugenmasse mit einer Latexverbindung anzurühren., statt mit Wasser. Bei der Verarbeitung ist dann darauf zu achten, nur geringe Mengen (ca. 300g) anzurühren und aufzutragen, da diese Masse sehr schnell aushärtet.

In meiner Praxis konnte ich den direkten Vergleich machen. Zwei nebeneinanderliegende Pools wurden saniert. Beide Firmen verwendeten die gleiche Fugenmasse. Die eine verwendete allerdings statt Wasser zum Anrühren die Latexverbindung. Bei der mit Wasser angerührten Fugenmasse stellte sich bereits nach 1,5 Jahren Probleme ein. Die aufwendiger verarbeitete war nach dem gleichen Zeitraum immer noch unauffällig. Anmerken möchte ich aber, daß eine Fugensanierung keine Neu-Verfliesung ersetzt. Dieses allerdings auch nur dann, wenn die richtige Fugenmasse verwendet wurde.

Sanierung der Krone

Die Schwimmbadkrone läßt mit fortschreitendem Alter die Spuren eines regen Badebetriebes erkennen. Frost kann Schäden verursacht haben (auch an der Costa Blanca). Am besten Sie reinigen die Krone zunächst einmal mit einem Hochdruckreiniger. Bröselndes Material ist gründlich zu entfernen und Rissse etc. mit Zement aufzufüllen. Im Baumarkt gibt es diesen auch portionsweise im 1 Kilo-Bereich, sodaß nicht gleich ein, wahrscheinlich nie zu verbrauchender 10kg Sack, gekauft werden muß.

Sind alle Beschädigungen ausgebessert, kann die Krone neu gestrichen werden.
    Achten Sie bitte darauf, daß die Farbe (z.B. Fassadenfarbe) frostfest ist.
    Haben Sie allerdings richtig beim Neubau investiert und einen massiven Naturstein als Schwimmbadumrandung verlegen lassen, werden Sie nie mit derartigen Problemen rechnen müssen.

25. Erstinbetriebnahme eines Schwimmbades

Der Erstinbetriebnahme eines neuen Schwimmbades sollte immer eine Abnahme der Installationen durch Sie selbst oder einem Fachmann vorausgehen. Sollten Sie einen Schwimmbadpfleger mit der Pflege Ihres Bades beauftragen wollen, kann dieser vielleicht diese Aufgabe übernehmen. Die ordnungsgemäße Ausführung dieser Arbeit läßt Mängel vor Befüllung des Beckens erkennen und die spätere Pflege leichter gestalten.

Am besten ist es, wenn Sie oder Ihr Vertrauensmann mit der beauftragten Baufirma die auszuführenden Arbeiten (Verfliesung, Verrohrung etc.) durchsprechen. Ein erfahrener Schwimmbadpfleger kann z.B. auf bestimmte Risiken bei der Verwendung bestimmter Materialien hinweisen. Mir fällt dazu die Anordnung der Rücklaufdüsen, des Skimmers oder die Platzierung eines Seitenanschlusses für den Sauger ein. Zu oft ist dieser an der ungünstigen Seite.

Auch die Art der Krone spielt, wie schon angesprochen, eine wichtige Rolle. Eine massive Bauausführung ist bei dieser ein Muß! Ansonsten droht bei Badebeginn bereits der erste Ärger. Aber auch die Fugenmasse ist ein Punkt, der Beachtung verdient. Auf dem Markt sind speziell für den Schwimmbadbau entwickelte Produkte, die extra chlorresistent sind. Da deren Verarbeitung aber etwas schwerer fällt als herkömmliche Sorten, werden sie gerne gemieden. Die Folge sind frühzeitig ausgewaschene Fugen die unansehnlich wirken, schwer zu pflegen sind und gerne von Algen bevölkert werden.

Wenn Sie als Schwimmbadpfleger allerdings hier schon auf Widerstände und Unstimmigkeiten stoßen, sollten Sie dort abbrechen. Letztendlich wären Sie es, der sich mit einer schlechten Bauausführung herumärgern müßte.

Ist die Gestaltung geklärt, und sind Ihre Anregungen berücksichtigt worden, nehmen Sie den fertigen Bau in Augenschein. Dabei kommt es darauf an, den ordnungsgemäßen Sitz der Verfliesung zu prüfen. Danach geht es an die Fugen. Sind diese gut gefüllt? Ist die Fugenmasse von den Fliesen abgewischt worden, bevor sie aufbrennen konnte? Glauben Sie mir, es gibt nichts ärgerlicheres als beschädigte Fugen in einem befüllten Pool feststellen zu müssen, oder gar aufgebrannte Fugenmasse. Diese Grauschleier sind nur schwerlich bzw. gar nicht zu entfernen.

Wichtig ist auch die Überprüfung der Verrohrung auf Verstopfungen. Schlampigen Arbeitern kann es passieren, Zement oder Fugenmasse in diese fallen zu lassen, wo sie dann anbacken.

Tip: Verrohrungen vor Einspritzen des Betons mit der Lötlampe erhitzen und abknicken. Nach Abschluß der Arbeiten kann die Rohrlänge dann mit der Verfliesung abgestimmt werden.

Nach erfolgter Abnahme des fertigen Schwimmbades kann das Wasser angeliefert werden.
Wann das erfolgt ist von den verwendeten Baustoffen abhängig. Wichtig ist die Überprüfung der gelieferten Wassers auf dessen Qualität. Wie hoch sind

- pH-Wert
- Calciumhärte
- Totale Alkalinität

Sind Sulfate enthalten? Oder etwa Algen? Leider habe ich schon selbst erlebt, daß grünes Wasser angeliefert wurde. Dieses offensichtlich nicht frische Wasser hat aber nichts in Ihrem neuen Becken zu suchen! Es kam auch vor, daß ein Bauunternehmer drei Becken gleichzeitig befüllen ließ. Der 3. Pool wies schon am ersten Tag eine dunkle Schicht auf dem Boden auf. Bei dieser handelte es sich tatsächlich um die gefürchtete sog. Schwarzalge. Offensichtlich war der Lieferant nicht dazu in der Lage, ca. 150 Kubikmeter Wasser bester Qualität zu liefern.

Wenn das Wasser unauffällig ist, kann es eingefüllt werden. Die zuvor gemessenen Parameter können unverzüglich korrigiert werden, sofern das nötig sein sollte. Als Zusatz empfiehlt sich ein Wasserstabilisator für Erstbefüllungen, der eine Kalkausfällung verhindern soll.

Wenn Sie befüllen achten Sie bitte darauf, daß kein Wasserstrahl auf die noch weichen Fugen prallt und diese beschädigen kann. Stellen Sie einen Eimer unter den Strahl. Wichtig ist es, den Pool auf einmal zu befüllen, da sonst mit der Bildung von Streifen zu rechnen ist.

Ist das Becken befüllt korrigieren Sie die Parameter soweit nötig. Führen Sie als nächstes eine Filterspülung mit anschließender Nachspülung durch.

Überprüfen Sie die Absicherung der Pumpe und stellen Sie die Zeitautomatik ein. Um den Fugenstaub besser zu entfernen empfiehlt sich eine längere Laufzeit. Die o.g. wichtigen Parameter stellen Sie nun wie folgt ein:

- pH-Wert zw. 7,2 und 7,6
- Totale Alkalinität zw. 80 und 120 mg/l
- Calciumhärte zw. 200 und 400 mg/l

In den nächsten 14 Tagen sind diese regelmäßig zu messen und wenn nötig zu korrigieren.
Ich empfehle dieses täglich. Außerdem empfiehlt sich ein regelmäßiges Bürsten, um loses Material zu aufzuwirbeln und über die Filtration abzuführen. Bilden sich Wolken, sollten Sie die Filtration anstellen, um sie umgehend herauszufiltern. Der Filterdruck ist deshalb in den ersten beiden Wochen ebenfalls regelmäßig zu prüfen, um eine Blockade des Filters und mögliche Folgeschäden zu vermeiden. Die Zugabe von einem Desinfektionsmittel empfiehlt sich erst nach 2 Tagen, um eine Verfärbung der Fugenmasse zu verhindern und die Messung und Einstellung der Parameter nicht negativ zu beeinflussen.

Nach 1 Woche kann das erste Mal gesaugt werden. Möglicherweise kommt es dabei zu einem Rückgang der Filtrationsleistung. Dieser kann von losem, alkalinen Material ausgelöst werden. In dem Fall führen Sie eine Filterspülung durch, nötigenfalls auch dann, wenn der Saugvorgang noch nicht beendet sein sollte.

Wenn Sie merken, daß sich die Parameter spürbar beruhigen, können Sie zum Normalbetrieb übergehen. Dieses dürfte nach etwa 14 Tagen der Fall sein.

26. Überwinterung

Je nach Klimazone sind die Anforderungen an eine Überwinterung Ihres Schwimmbades unterschiedlich.

Die Hauptfrage ist: Können Sie mit Frost rechnen? Sie wissen das von Ihrem Auto, daß es Frostschutzmittel benötigt. Oder haben vielleicht auch selbst schon einmal eine Dose Cola im Gefrierfach vergessen?

Bauen sie ein Außenschwimmbad in einer derartigen Zone, wird der Erbauer Ihres Schwimmbades Sie hoffentlich gut einweisen, um Schäden zu vermeiden. Möglicherweise bietet er, wenn clever, die Umstellung Ihres Schwimmbades auf Winterbetrieb als Dienstleistung an. Als Kunde haben Sie dann den Vorteil, daß ein Fachmann, der mögliche, spezifische Besonderheiten des Bades kennt, anhand einer Checkliste gegen Rechnung die Umstellung durchführt. Was aber auch bedeutete, daß Sie Garantie hätten.

Winter an der Costa Blanca

Liegt Ihr Schwimmbad am Mittelmeer, also in einer subtropischen Zone, brauchen Sie keine Befürchtungen zu haben, ein Frostschaden könnte eintreten. In solch milden Klimazonen wird die Pflege wie im Sommer fortgesetzt, jedoch mit weniger Aufwand. Die dann deutlich niedrigeren Wassertemperaturen und der Wegfall des Badebetriebes ermöglichen eine erhebliche Reduzierung der Umwälzungsdauer (Faustregel 2 x 2 Std./Tag) für ein Schwimmbad mit 50 m^3. Mit dem Aufbringen einer Poolabdeckung reduzieren Sie den Schmutzeintrag (Laub, Nadeln ...) deutlich. Ansonsten gelten die gleichen Regeln wie beim Ablauf der Schwimmbadpflege geschildert.

Es müssen weiterhin durchgeführt werden:

- regelmäßiges Absaugen und Bürsten
- Skimmerentleerung
- Filterrückspülungen
- Parameterüberwachungen
- Wassernachfüllen etc.

Im Interesse Ihrer Stromkosten sollten Sie wirklich die Umwälzung reduzieren. Bzgl. dieser bin ich auf zwei Extreme gestoßen. Der Kunde eines professionellen Schwimmbadpflegers reduzierte die Umwälzungsdauer auf 30 Minuten täglich, ohne diesen zu informieren. Dieser fand den Pool dann eines Tages grün vor.

Und das, obwohl alle Parameter stimmten. Ursache war hier also eine zu kurz eingestellte Umwälzung.

Duch das anschließende Schocken und Durchlaufen der Pumpe über 24 Stunden war der erhoffte finanzielle Vorteil, den der Kunde sich verschaffen wollte, schnell dahin. Denn es mußte dann binnnen eines Tages die Energie aufgewendet werden, die sonst in 1 1/2 Monaten verbraucht worden wäre. Dazu kommt noch der Materialaufwand.

Das andere Extrem ist der Nachbar eines Kunden, der den Schwimmbadpfleger im November fragt, wie lange denn die Pumpe nun laufen müsse. Dieser gibt darauf die korrekte Antwort:« Wassertemperatur unter 20 Grad C, bedeutet Umwälzungsdauer von 2 x 2 Std./Tag oder weniger». Der Nachbar erwidert darauf, er lasse die Pumpe immer noch 8 Stunden am Tag laufen, sicher sei sicher. Aus Sicht des Profis begeht der Nachbar nichts anderes als Energieverschwendung. Zumal es sich um dessen Pool um einen mittlerer Größe mit 50 m^3 handelt.

Wichtig ist deshalb, die Individualität Ihres Bades zu erkennen. Was in Calpe in Marryvilla (hoch gelegen, kaum Bäume) geht, muß in San Jaime (Moraira, Pinienlage) noch lange nicht klappen. Diesbezüglich bin ich mir da mit Profis bis hin nach Kalifornien einig. Wird ein Pool nur gering von der Umwelt beeinflußt, kann eine Reduzierung der Pumpenlaufzeit auf 2 x 1 Std. pro Tag genügen.

Winter in Deutschland

In Deutschland oder einer ähnlichen Lage müssen Sie mit Frost rechnen. Das bedeutet dauerhafte Beheizung des Füllwassers und Betrieb normal fortsetzen, oder zumindest zeitweise Beheizung bei Frostgefahr (vielleicht indem Sie die Heizanlage mit einem Frostwächter kombinieren).

Kommt eine Beheizung für Sie nicht in Frage, bietet sich die Stillegung Ihres Freibades durch eine Wartungsfirma an oder Sie nehmen das selbst vor. Eine vollständige Aufzählung aller für Ihr individuelles Schwimmbad erforderlichen Punkte kann ich hier nicht gewährleisten. Wenn Sie nach der Ausführung der Arbeiten noch Unklarheiten vorliegen haben sollten, wenden Sie sich an Ihren Schwimmbadhändler vor Ort oder den Erbauer.

Im allgemeinen gilt aber folgendes:

- Stellen Sie sicher, alle erforderlichen Werkzeuge, Chemikalien und Stopfen für Skimmer, Rücklaufdüsen und sonstige Öffnungen zu haben. Des weiteren benötigen Sie einen Kompressor.
- Führen Sie einen Chlorschock durch, um sicher alle Bakterien, Algen etc, zu eliminieren. Viele Hersteller von Pflegeprodukten bieten spezielle Chemikalien an, die ein Wiederkehren von Algen und Mikroben verhindern. Oft in Kombination mit einem Schutz gegen Verkalkung. Lassen Sie das Wasser dann noch einmal von der Pumpe umgewälzt werden, damit die Chemikalien gut verteilt werden.
- Führen Sie dann eine Rückspülung mit anschließender Nachspülung durch. Lassen Sie das Multiventil auf -Entleeren- stehen.
- Entleeren Sie das Becken anschliessend vollständig, um danach sämtliche wasserführenden Rohrleitungen mit dem Kompressor auszublasen. Ist das ausgeführt, können Sie die jeweils ausgeblasene Leitung mit einem Schraubstopfen verschließen.
- Rücklaufdüsen und andere Verschaubungen und Verbindungen müssen gelöst werden, wenn sie später über der Wasserlinie liegen sollten. Vorhandene Scheinwerfer können z.B. installiert bleiben, wenn diese unter Wasser überwintern.
- Entwässern Sie den Filter. Lösen Sie den Deckel und legen ihn beiseite, nachdem Sie ihn abgewaschen haben. Reinigen Sie sorgfältig dessen Dichtung und pudern Sie sie mit Talkum ein, um sie elastisch zu halten.
- Bauen Sie die Pumpe aus und entleeren Sie sie vollständig. Ein Ausblasen mit dem Kompressor kann nicht verkehrt sein, da kleinste Wassermengen gefroren einen Bruch bewirken können.
- Heizungen müssen gelöst und vollständig entwässert werden. An neuralgischen Punkten blasen Sie sie aus.
- Solaranlagen werden natürlich ebenfalls entwässert. Ein Ausblasen empfiehlt sich. Die Öffnungen lassen Sie aber bei diesen offen, da sich diese auch im Winter aufheizen können und ohne Druckausgleich eine Beschädigung eintreten könnte (Beachten Sie in jedem Fall die Herstellerhinweise!)
- Checken Sie nun gewissenhaft, ob sie Bodenablauf, Skimmer, Rücklaufausgang und andere offene Verrohrungen geschlossen haben. Regenwasser könnte sonst eindringen und einen Frostschaden bewirken.
- Besteht der Verdacht, daß sich noch in einer Leitung Wasser befindet, kann ein Frostschutzmittel in diese gegeben werden.

- Um ein Aufschwimmen des Beckens durch Grundwasser zu verhindern, ist es wieder teilweise mit Wasser zu füllen. Aber nur soweit, daß Rücklaufdüsen und Skimmer etc. nicht mehr vom Wasser bedeckt werden. Scheinwerfer sollten Sie bedecken, um sie vor Frost zu schützen.
- Leicht mit Wasser gefüllte Plastikkanister sorgen bei einer zufrierenden Wasseroberfläche für einen Druckausgleich.

27. Schwimmbad und Umweltschutz

Wie ich schon anmerkte, ist ein Schwimmbecken kein Biotop. Um es komfortabel zu halten, sind gravierende chemische Eingriffe und ein erheblicher Energieaufwand nötig.

Im folgenden möchte ich einige Ratschläge geben, um Ihnen dabei zu helfen, daß Verhältnis Ihres Schwimmbades zur Umwelt zu verbessern.

Tips zum Chemieeinsatz

Ein Schwimmbecken ohne Chemieeinsatz ist für den Betreiber undenkbar. Sie haben sich für diese Badeform entschieden. Allerdings erfordert diese den Einsatz von chemischen Produkten.
Beachten Sie deshalb bei deren Gebrauch folgendes:

- Die Lagerung muß in trockenen, kühlen und gut gelüfteten Räumen erfolgen.
- Der Einsatz muß sparsam vorgenommen werden.
- Schütten Sie Reste nicht einfach in die Natur oder die Kanalisation etc.
- Achten Sie auf die Verträglichkeit der verschiedenen Produkte.
- Mixen Sie nie irgendwelche Chemikalien.
- Überschreiten Sie keine Höchstmengen.

Energiespartips

Obwohl alternativ gewonnene Energie aus Wind und Wasser auf dem Vormarsch ist, wird ein Großteil der Elektrizität immer noch aus fossilen Brennstoffen (z.B. Kohle) per Verbrennung gewonnen.
Dieses wirkt sich nicht nur negativ auf die globale Erwärmung aus. Wenn Sie Energie sparen, macht sich das sicherlich auch positiv in Ihrem Geldbeutel bemerkbar.

Deshalb
- Lassen Sie Ihre Gas- und Oelheizung regelmäßig warten. Die Flamme muß blau erscheinen. Ist sie gelb, findet eine unsaubere Verbrennung statt

- Stellen Sie die Wassertemperatur nicht zu hoch ein und überprüfen Sie diese regelmäßig in bezug auf Übereinstimmung mit der Temperatur des eingeschalteten Thermostaten, um eine Überheizung zu vermeiden.
- Decken Sie das Becken ab und reduzieren Sie so den Wärmeverlust durch Verdunstungskälte.
- Achten Sie beim Neubau Ihres Bades auf eine Thermoisolierung.
- Denken Sie an die Errichtung eines Windschutzes.
- Benutzen Sie die Schwimbadbeleuchtung nur wenn nötig
- Isolieren Sie die Poolleitungen gegen Wärmeverlust.
- Passen Sie die Filtration den tatsächlichen, individuellen Bedürfnissen an.
- Überlegen Sie, ob Sie wirklich einen automatischen Poolreiniger nutzen müssen, oder manuell in der halben Zeit und vollständig das Becken reinigen möchten.
- Nutzen Sie zur Luftentfeuchtung so oft wie möglich die Fenster (Stoßlüftung) anstatt elektrobetriebene Automaten.
- Befüllen Sie Ihren Whirlpool mit Heißwasser des Hauses, um ein langwieriges Aufheizen mit der Elektroheizung einzusparen.
- Passen Sie die Laufzeiten der Schwimmbadpumpe Ihren individuellen Bedürfnissen an.

Wasserspartips

Die Erde ist zu ca. 72% von Wasser bedeckt. Davon nehmen die Ozeane den größten Teil mit ihrem Salzwasser ein. Ca. 2,5% des irdischen Wasser sind Süßwasser, und nur 0,3% des Gesamtwassers sind als Trinkwasser zu erschließen. Diese Zahlen machen deutlich, wie wichtig der sparsame Umgang mit dem kühlen Naß ist, zumal Schwimmbäder mit Trinkwasser gespeist werden.

Hilfreich ist:
- Das Anschaffen einer Poolabdeckung, um auch die Verdunstungsrate zu senken. Pro Woche können an der Costa Blanca zwischen 300 und 600 Liter Wasser allein durch Verdunstung verloren gehen. Vermuten Sie ein Leck, können Sie den Verdunstungstest mit dem Eimer (s. Leckagen finden ...) durchführen. Mit einer Poolabdeckung können Sie den Wasserverlust minimieren, sparen erheblich am Wassergeld und schonen die Umwelt.
- Vermeiden Sie Sprünge ins Wasser, bei denen dieses schwallartig aus dem Becken schwappt.
- Bauen Sie einen Tank, indem Sie Spülwasser sammeln, um es filtriert wieder dem Schwimmbecken zuzuführen.
- Oder nutzen Sie es für das Gießen der Gartenpflanzen. Wenn nötig, lagern Sie es in einem separaten Tank, bis sich das Chlor abgebaut hat. Nutzpflanzen (Wein, Obstbäume etc.) sollten nicht mit Poolwasser bewässert

werden, da die im Wasser befindlichen Chemikalien sonst direkt in den Nahrungskreislauf gelangen können.
- Tauschen Sie nicht mehr Wasser als nötig aus. Verwenden Sie Tri- oder Di-Chlor, messen Sie den Cyanursäuregehalt genau aus, um eine angemessene Menge Wasser zu wechseln. Am besten, Sie steigen auf cyanursäurefreie Produkte (z.B. Salzelektrolyse) um.
- Denken Sie beim Betreiben von Rutschen und Wasserspielen daran, daß auch diese die Verdunstung steigern. Schalten Sie diese nur ein, wenn nötig.
- Schaffen Sie eine Möglichkeit, um Regenwasser zu sammeln, daß Sie auch für den Pool nutzen können.
- Achten Sie darauf, daß Überlauföffnungen geschlossen werden. Beim Planschen schlagen die Wellen oft hoch, und wertvolles Wasser geht sinnlos verloren. Regnet es, verlieren Sie den Regen möglicherweise sofort über den Überlauf, obwohl die Skimmung durch den höheren Wasserstand noch lange nicht beeinträchtigt wird. Verdunsten wird es immer von allein.

28. Baderegeln und Sicherheitshinweise für Pools und Whirlpools

Die allgemein gültigen Schwimm- und Baderegeln sollten auch bei der Benutzung privater Pools und Whirlpools beachtet werden. Ihre Beachtung dient auch dort der Reinlichkeit und Sicherheit.

Sie helfen, den Einsatz von Chemie und Energie zu reduzieren.

Hygienehinweise

- Das Becken sollte nur nach gründlicher Körperreinigung benutzt werden
- Sonnencreme ist abzuwaschen
- Im Becken ist die Benutzung von Seife, Bürsten etc. nicht gestattet
- Vor dem Baden sollte die Toilette benutzt werden
- Jede Verunreinigung des Badewassers ist zu vermeiden
- Haustiere haben im Pool nichts zu suchen

Badekleidung

- Das Baden sollte nur in geeigneter Badekleidung stattfinden
- In Straßenkleidung ist das Baden zu unterlassen (das Becken ist keine Waschmaschine)

Sicherheitstips

- Besuchen Sie regelmäßig einen Kurs für Erste Hilfe!
- Halten Sie Notruf-Nummern bereit!
- Vor dem Sprung ins Wasser abkühlen!
- Nicht mit vollem oder ganz leerem Magen baden!
- Nie angetrunken oder betrunken baden!
- Nur springen, wenn das Wasser tief genug ist!
- Nichtschwimmer dürfen nur bis zur Brust ins Wasser!
- Trennen Sie Nichtschwimmer- und Schwimmerbereich mit einer Leine o.ä!
- Kinder sind immer zu beaufsichtigen!
- Rutschen Sie nur vorwärts!
- Nicht bei Gewittern baden!

- Stellen Sie sicher, daß Ihr Schwimmbad nicht unbefugt von Kindern erreicht werden kann. Sichern Sie es mit einem Zaun oder Mauer und verschließbaren Türen!
- Kontrollieren Sie regelmäßig das verwendete Equipment wie Leitern, Rutschen etc. auf ihren baulichen Zustand, um Unfällen vorzubeugen!
- Lassen Sie niemanden mit Infektionen oder offenen Wunden schwimmen!
- Benutzen Sie kein Becken, daß trüb ist oder auffällig riecht! Es besteht die Gefahr einer Infektion im bakteriellen Bereich.